도시를 짓는 사람들

건 축 은 빛 과 벽 돌 에 짓 는 시 다

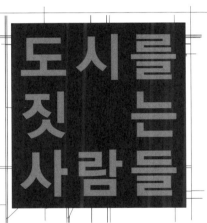

도시를 짓는 사람들

이재용 이재유 고병기 권경원 박성호 신희철 정순구 조권형

RHK
알에이치코리아

살아 있는
서울의 주름살을 읽어주는 책

유현준, 홍익대 건축학부 교수

도시라는 발명품

어느 다큐멘터리에서 인류 최고의 발명품은 '금속활자'라고 했다. 그 근거로 금속활자가 있었기 때문에 성경책 가격이 떨어졌고, 종교개혁이 일어났고, 인문학과 르네상스가 가능했다는 주장을 제시했다. 설득력 있는 말이다. 반면 하버드대학 경제학과 교수인 에드워드 글레이저Edward Glaeser는 인간이 만든 최고 발명품은 '도시'라고 했다. 글레이저 교수의 말도 맞다. 금속활자를 비롯해 컴퓨터, 전화기 같은 발명품들이 도시 사람들에 의해 만들어졌기 때문이다. 도시는 서로 다른 다양한 사람들을 모으고 그 안에서 시너지 효과를 만들어내는 그릇이다.

인류 역사를 보면 세계사를 이끈 대단한 제국들은 대단한 도시를 가지고 있다. 이 도시들의 공통점은 당대 최고 인구밀도를 가졌다는 점이다. 예를 들어 로마제국의 로마, 프랑스의 파리, 영국의 런던, 미국의 뉴욕 같은 도시는 이전에는 없었던 인구 집중을 이룬 도시들이다. 이들 도시는 인구 집중을 위해 묘책들을 하나씩 발명해냈다.

로마는 상수도 시스템을 만들었다. 로마에 가면 분수가 많다. 인간이 사는 데 꼭 필요한 것은 물과 공기다. 공기는 지구상 어디를 가든 다 있으니 문제 되지 않지만 물은 그렇지 않다. 많은 인구가 살아가려면 물이 반드시 필요하다. 문제는 대부분의 강들이 그렇게 풍족한 물을 가지고 있지 못하다는 것이다. 2000년 전 로마의 인구는 100만 명이었다. 지금 로마의 인구가 100만 명이라 하니 당시 도시의 규모가 얼마나 컸는지를 짐작케 한다.

로마의 한가운데로 흐르는 티베르 강은 한강보다 작아 100만 명의 사람들에게 물을 공급하기에는 턱없이 부족했다. 이에 로마 정부는 로마 근교의 시골 마을에서 물을 끌어다 쓰는 방법을 생각해냈고, 로마의 '아퀴덕트Aqueduct'라는 시설이 이때 만들어졌다. 아퀴덕트를 번역하면 '수도교水道橋'다. 이 완만한 기울기의 수도교를 통해 시골 마을의 물을 로마 시내까지 끌어올 수 있었다. 만약 로마가 아퀴덕트와 같은 상수도 시스템을 발명하지 않았다면 100만 명의 인구가 집중된 거대 도시인 로마를 만들지 못했을 것이고, 강력한 중앙정부도 막강한 군대도 없었을 것이다. 결국 로마가 유럽을 정복할 수 있었던 원동력은 상수도 시스템 구축에 있었다고 볼 수 있다. 한국의 서울도 같은 방식으로 팔당에서 물을 끌어다 쓴다. 다른 점이 있다면 수도교 대신 펌프를 사용한다는 것뿐이다.

후발주자인 파리는 적은 양의 물로 고밀화 도시를 조성케 해준 하수도 시스템을 만들었다. 영화 〈레미제라블〉을 본 사람은 장발장이 사위 될 사람을 하수도로 탈출시키는 장면을 기억할 것이다. 이처럼 파리는 지상의 도로보다 더 긴 하수도망을 구축해 적은 양의 물로 위생적인 도시를 만들었다. 사실 많은 사람이 모여 살 때 가장 큰 문제는 전염병이다. 파리는 적은 양의 물로 위생적인 도시를 만드는 방식인 하수도를 발명한 덕분에 쾌적한 도시 환경을 조성할 수 있었고 당시 세계의 예술가들이 살고 싶어 한 도시가 되었다.

런던은 어떤 발명을 했을까? 런던은 도심 공원을 만들었다. 산업혁명 이후 도시로 모여든 사람들은 농민들이었다. 자연 속에서 농사를 짓던 사람들이 도시에서 생활하는 것은 쉽지 않았을 것이다. 당시는 공해로 인해 런던 거주자의 평균수명이 20대 정도밖에 되지 않았다. 이에 런던은 이전에는 없었던 도심 속 공원이라는 새로운 개념의 공간을 발명해냈다.

뉴욕은 엘리베이터를 도입해 이전에는 8층 정도였던 도시의 건물 규모를 20층 규모의 고층 건물로 확대해 고밀화 도시를 만들었다. 또 전화기를 적극 도입해 다른 지역에 있는 사람과 편리하게 소통할 수 있게 했다. 뉴욕은 엘리베이터와 전화기 덕분에 경제의 순환 속도와 밀도가 다른 도시와는 비교할 수 없을 정도로 앞서게 된 것이다.

이처럼 인류는 각 시대의 필요에 따라 새로운 도시를 발명해냈고 이런 발명을 한 국가들은 세계를 주도할 수 있었다. 재미있는 사실은 상수도, 하수도, 전화기 등 도시를 발전시킨 발명품의 탄생 순서가 생명의 진화와도 비슷하다는 점이다.

도시는 살아 있는 유기체

생명의 진화에 대해 간단히 살펴보자. 생명은 단세포 생명체로 시작해 다세포 생명체로 진화한다. 다세포 생명체가 되면서 필요한 것은 순환계다. 단세포 생명체에서는 세포가 산소와 직접 접해 있다. 문제는 다세포로 분열되면 안쪽에 있는 세포가 산소를 접하지 못하게 된다는 것이다. 산소를 공급받지 못하면 세포가 죽기 때문에 생명체는 순환계를 발전시켜 안쪽에 있는 세포로 산소를 공급해준다. 태아의 발달 과정을 초음파 사진으로 보면 제일 먼저 만들어지는 기관이 심장인 것을 알 수 있다. 이후 생명체는 신경계를 발달시키는 쪽으로 진화한다. 신경계가 발달하면 중추신경계로 진화하고 이후 척추신경계로 진화한다. 그리고 우리 같은 영장류가 나오게 된다.

도시의 경우에도 처음에 지어진 건축물은 단세포 생명체로 볼 수 있다. 이후 세포분열을 하듯 여러 건축물이 생겨나면서 대형 도시에 설치된 상수도 시스템은 순환계에서 산소를 공급하는 동맥 시스템으로 비유될 수 있다. 하수도 시스템은 더러운 피를 회수하는 정맥 시스템, 전화기 시스템은 신경계로 볼 수 있다. 이처럼 도시도 생명체가 진화하듯 수천 년에 걸쳐 진화를 거듭해왔다.

그렇다면 도시는 왜 생명체 같은 성격을 가지고 있을까? 무생물인 자동차는 공장에서 생산된 이후 계속 사용하다 보면 어느 순간 폐차가 된다. 하지만 생명체의 세포는 수명이 다 되면 새로운 세포로 교체된다. 2002년에 노벨생리의학상을 받은 매사추세츠공과대학MIT의 로버트 호비츠H. Robert Horvitz 교수는, 일부 세포는 일정 시간이 지나면 스스로 자살하듯 소멸되고 새로운 세포로 적극적으로 교체되는 것이 생명체의 고유한 특성임을 밝혔다. 이렇듯 살아 있는 생명 시스템은 새로운 물질을 외부로부터 받아들여 오래된 세포를 새로운 세포로 교체시키면서 성장한다. 우리 몸의 세포는 3년이 지나면 완전히 새롭게 만들어진 세포로 교체된다. 생명체에 이런 성장, 발전, 진화가 있듯 도시에도 성장, 발전, 진화가 있다. 생명체에서 죽은 세포를 새로운 세포가 대체하듯 도시도 오래된 건축물을 부수고 새로운 건물을 만들어낸다. 그리고 이런 과정은 끊임없이 일어난다.

《생명의 그물Web of Life》의 저자 프리초프 캐프라Fritjof Capra 박사에 의하면 어떤 시스템이 살아 있는 유기체이냐 죽어 있는 무기체이냐를 결정하는 요소는 그 조직체의 패턴이 스스로 만들어지는self-making 네트워크이냐 아니면 외부에 의해 수동적으로 만들어진 것이냐에 달려 있다. 이런 관점에서 도시는 초기 계획자의 디자인이라는 수동적인 패턴을 뛰어넘어 특정한 디자이너의 계획 없이 자생적으로 만들어지는 패턴들이 보이는데, 이 같은 자생적인 패턴이 도시를 살아 있는 유기체로 보기에 충분한 증거다.

그렇다면 왜 물질로 구성된 도시가 살아 있는 유기체적 특징을 갖게 된 것일까? 물론 대부분의 도시 구성의 변화는 인간에 의해 만들어진다. 하지만 그 변화들은 인간에 의해 디자인된 대로 변화되는 것이라기보다 불특정 다수의 인간이 만들어낸 변화들이 모여 예측 불가능한 새로운 결과물을 만들어내는 것이며, 이 불특정 다수의 인간은 유기체 생명이기 때문에 도시도 유기체적 특성을 갖는 것이라 할 수 있다.

게다가 도시는 인간보다 수명이 길다! 인간은 길어야 100년을 살지만 도시는 수천 년을 산다. 유기체 생명인 인간이 모여 사회라는 조직을 형성하고 이 조직은 우리가 파악하거나 제어할 수 없는 또 다른 유기체를 만들어낸다. 이 같은 인간 사회가 만들어내는 것이 바로 도시다. 생명체는 진화하면서 진화의 흔적을 DNA 코드로 남겨놓는다. 도시는 진화의 흔적을 상하수도 시스템, 도로망, 광장, 각종 건축물에 남겨놓는다. 따라서 도시를 구성하는 건축물과 각종 기반 시설들은 도시의 DNA를 구성하는 코드라 할 수 있다.

건축은 시간을 담는 그릇

도시는 인간보다 더 오래 살아남고 과거의 흔적을 건축물로 남겨놓는다. 도시의 건축물은 도시와 도시인의 삶의 흔적을 기록하는 기억 저장소이자 시간을 담는 그릇이다. 중국의 채륜이 발명한 종이가 서쪽으로 전파되기 전에 수메르문명에서는 점토판에 쐐기문자를 찍어 남겼고, 이집트에서는 파피루스 식물 줄기로 만든 파피루스 종이에 글을 남겼다. 점토판은 깨지기 쉽고 파피루스는 부서진다는 문제가 있었다. 돌에 새기는 방식은 반영구적이었지만 운반이 너무 어려워 편지 같은 글은 양피지에 써서 전달했다. 그러나 양피지의 가격이 만만치 않았다. 양가죽을 벗겨 여러 번 문질러서 얇게 만든 양피지는 가격이 비싸, 부자들도 양피지 편지를 받으면 글을 읽고 글자를 지운 뒤 재활용했다고 한다.

그러다 보니 새로 쓴 글자 아래 처음에 썼던 글자가 배어나오기도 했다. 이를 '팰림시스트palimpsest'(원래의 글 일부 또는 전체를 지우고 다시 쓴 고대 문서)라고 하는데, 과거의 흔적이 현재의 도시 공간에 미친 영향을 설명할 때도 이 단어가 사용된다. 예를 들어 서울 강북에 구불구불한 길이 많은 것은 과거에 구불구불 흐르던 시냇물을 복개해서 길로 사용했기 때문이다. 구불구불한 시냇물이 구불구불한 도로로 남아 현재 우리의 삶에 영향을 미치고 있는 것이다. 로마의 대표적 광장인 나보나 광장은 동그랗거나 사각형인 대부분의 광장과 달리 가로로 긴 형태다. 나보나 광장이 이런 형태를 갖게 된 이유는 2000년 전 고대 로마시대 때 전차 경기장으로 사용되던 곳이었기 때문이다.

로마는 고대 로마시대와 르네상스시대 로마가 겹쳐서 두 개 층으로 이뤄진 도시다. 로마제국이 지금의 이스탄불인 콘스탄티노플로 수도를 옮긴 후에 로마 인구는 100만 명에서 1만 명으로 급격히 줄었다. 거의 유령도시가 된 것이다. 버려진 로마는 도시 한가운데로 흐르는 티베르 강이

일 년에 한 번씩 범람하면서 도시 전체가 침수되는 일이 반복되었다. 우리나라 한강도 홍수가 나면 한강시민공원이 물에 잠겼다가 빠지면서 흙이 쌓이곤 한다. 로마도 1000년 가까이 지나는 동안 티베르 강의 범람하면서 약 6미터의 흙이 쌓여 있었다. 동로마제국이 멸망해 유민들이 로마로 유입되기 전까지 고대 로마는 흙 속에 반쯤 파묻혀 있었던 것이다.

유민들은 집이 필요했지만 건축 자재를 지금처럼 쉽게 구할 수 없었다. 당연히 흙에 묻혀 있던 로마제국의 건축물에서 돌을 훔쳐다 근처에 집을 지을 수밖에 없었다. 나보나 광장도 흙 속에 묻혀 있던 경기장의 돌을 훔쳐다 근처에 건물이 지어졌고, 그러다 보니 경기장 모양으로 광장이 빈터로 남아 있게 된 것이다.

이처럼 과거의 공간은 시간이 흐르면서 현재의 공간을 결정하고 우리 삶에도 영향을 미친다. 서울은 로마의 2000년 역사에는 못 미치지만 600년이 넘은 도시다. 600년이면 한 세대를 30년으로 잡아도 20세대가 지나온 시절이다. 인간이 100년을 살다 죽어서 다시 태어나도 여섯 번이나 살았을 엄청난 시간이다. 그 긴 시간 동안 현재의 우리 삶에 영향을 미친 흔적들은 아직 여기저기 남아 있다.

서울의 건축적 기억을 찾아서

이 책은 서울의 건축적 기억이 남아 있는 곳들을 탐방한 기록물이다. 길게는 수십 년 짧게는 수년 전에 지어진 건축물까지 다루고 있다. 때로는 가이드북처럼 때로는 역사서처럼 건축물과 장소의 기억들을 꼼꼼히 기록해놓았다.

새로운 사실들을 알아가는 것은 이 책이 주는 즐거움 중 하나다. 예를 들어 동대문운동장 대지가 임오군란이 일어났던 장소라는 사실은 이 책을 통해 처음 알게 됐다. 드라마 〈미생〉의 배경으로 등장했으며 우리에게는 대우빌딩으로 더 잘 알려진 '서울스퀘어' 빌딩도 여러 전문가들의 인터뷰를 통해 역사적 의의를 재조명하고 있다. 작지만 훌륭한 기념관인 '윤동주문학관'이 디자인된 과정도 자세히 설명되어 있다. 기존에 있던 물탱크를 리모델링해 사용한 배경을 알고 나면 윤동주문학관이 더욱 의미 있게 다가올 것이다.

파리 루브르박물관만큼 많은 사람이 찾는다는 인사동 '쌈지길'도 건물보다 길을 만드는 데 주력했다는 얘기를 듣고 나면 그 건물에 왜 그처럼 쉽게 들어갈 수 있었는지 납득이 갈 것이다. 흔히 축구장으로 알고 있는 '서울월드컵경기장'도 내부를 들여다보면 각종 상업시설과 문화시설이 가득한 생활공간이라는 것도 낯선 얘기였다. 왜 그처럼 디자인을 해야 했는지는 이 책을 보면 알 수 있다. 공장 같지 않은 공장 '한샘 시화공장'에서 가구를 만드는 과정에서 나온 부산물인 톱밥을 모아 난방 연료로 사용한다는 친환경 아이디어는 읽는 재미를 더한다.

공공기관에서 발주했지만 성공적인 프로젝트로 완성된 '서천 봄의 마을' 얘기도 읽어볼 만하다. 짓다가 만 찜질방에서 미술관으로 탈바꿈한 '화성 소다미술관'의 뒷얘기는 개발이 아닌 재생을 통해 도시 이미지를 바꾼 대표적인 사례가 아닐까 싶다. 여태껏 필리핀 원조로 지어진 줄로 알고 있던 장충체육관이 사실은 아니었다는 다소 충격적인 얘기도 이 책이 주는 즐거움이다. 땅인지 건물인지 구분이 안 가는 이화여대 'ECCEhwa Campus Complex'(이화캠퍼스복합단지)의 친환경 시설들도 알아둘 만한 정보다. 기존 아파트와 비슷한 듯하면서도 다른 '강남 A4블록 공동주택'의 얘기는 새로운 아파트의 가능성에 대해 생각해보게끔 만든다.

이처럼 이 책은 서울 곳곳에 숨겨져 있는 기억들을 탐정처럼 찾아내 글과 사진으로 엮어냈다. 저자들의 직업이 기자이기 때문인지 최대한 객관적인 시각을 유지하려 노력한 흔적들이 엿보인다. 건축물을 설명할 때도 치밀하게 찾아낸 사실들에 근거해 얘기를 풀어냈다. 특히 건축물을 평가할 때는 전문가들의 인터뷰를 통해 여러 각도에서 조명하려 노력했다. 이런 부분들이 이 책이 갖는 독특한 가치가 아닐까 생각한다. 저자들은 관철동 삼일빌딩에서부터 동대문디자인플라자까지 근대 이후 한국 건축 역사의 한 획을 그은 건축물 하나하나를 유심히 살폈다.

오랜 세월을 살아온 노인의 얼굴에 생긴 주름살을 보면 한평생 희로애락이 읽힌다. 주름진 얼굴에서 느껴지는 삶의 무게조차 아름답게 보인다. 독자들이 이 책을 읽고 나면 600년 역사를 지닌 서울의 건축과 도시가 만들어낸 주름살의 의미를 읽을 수 있을 것이다. 이 책을 읽고 나니 평소에 가던 장소가 더욱 친근하고 푸근하게 느껴진다. 서울을 더 깊이 알게 된 것 같다.

차례

1장

과거와
미래가
공존하는 곳

서울의 막힌 혈관을 뚫다

소격동 국립현대미술관 서울관

서울시 종로구 소격동에 위치한 '국립현대미술관 서울관'은 서울의
최중심부이자 역사적인 공간에 들어선 미술관이다. 한국을 대표하는
문화유산인 경복궁 바로 맞은편 요즘 '핫'한 거리인 삼청동길의 초입
이자 북촌길의 끝자락에 위치한 이 건물은 개관한 지 2년도 안 돼 서
울 도심을 대표하는 명소로 자리 잡았다. 주말이면 미술 애호가들은
물론 인근 삼청동과 북촌 나들이를 하다가 잠깐 들러 휴식을 취하는
시민들로 북적거린다. 하지만 원래 이 자리는 조선시대 이후 일반인
의 출입이 엄격히 통제된 폐쇄적인 공간이었다.

국립현대미술관 서울관은 주변 경복궁과 인왕산, 북촌의 풍경을 해치지 않기 위해 건물을 여러 개
로 쪼개 낮은 형태로 배치했다.

왕실 관청, 군 병원, 기무사 등 권위적인 공간

국립현대미술관 서울관 부지는 조선시대 왕실 관련 사무를 담당하던 종친부와 국군기무사령부(기무사)가 있던 곳이다. 특히 한국의 근현대사가 고스란히 녹아 있는 상징적인 공간이기도 하다. 현재 미술관의 사무동으로 쓰이는 붉은 벽돌의 기무사 건물은 일제 강점기인 1930년대에 근대식 병원으로 처음 세워졌다가 광복 후 육군통합병원을 거쳐 1971년부터는 국군보안사령부(이후 기무사로 개칭)가 사용했다. 1979년 10·26 사태 때는 박정희 전 대통령의 시신이 처음 안치된 곳이기도 하며 전두환 당시 보안사령관이 12·12 쿠데타를 모의한 역사적인 장소이기도 하다. 또 종친부가 있는 터는 조선시대의 규장각·사간원 등의 관청이 자리했던 곳이다. 종친부는 신군부 집권 당시 테니스장 건립을 이유로 인근 정독도서관으로 옮겨졌다가 미술관이 조성되면서 다시 제자리로 되돌아오는 우여곡절을 겪기도 했다. 이처럼 서울관 부지는 조선시대의 왕실 관청과 일제 강점기의 군 병원, 군사정권 시절의 기무사 등 권위적인 공간으로 사용되며 일반인의 출입이 전혀 허용되지 않았던 도심 속 외딴섬 같은 곳이었다.

폐쇄된 공간에서 열린 마당으로

이 같은 역사적 배경 아래 건립된 국립현대미술관 서울관은 설계 단계부터 철저하게 열린 공간을 지향했다. 서울관을 설계한 민현준 홍익대 건축

옛 국군기무사령부 터에 들어선 국립현대미술관 서울관은 붉은 벽돌의 기무사 건물을 그대로 보존해 현대적인 미술관 건물과 조화를 이루도록 했다.

국립현대미술관 서울관의 지하 전시실은 선큰마당을 통해 자연광이 들어와 마치 지상 같은 느낌을 준다.

학부 교수에 따르면 서울관 부지는 해방 전부터 일반 시민의 출입이 금지돼 동맥경화에 걸린 것처럼 서울 중심의 연결된 흐름을 꽉 막고 있었기 때문에 시민이 쉽게 접근할 수 있는 열린 공간을 만드는 데 설계의 초점이 맞춰졌다. 이후 시민에게 활짝 열린 미술관은 주변 골목길과 미술관 마당을 연결하는 방식으로 완성됐다.

골목길을 걷다가 부담 없이 미술관에 들어올 수 있도록 사방에 진입로를 만들었고 미술관을 관통하도록 통행로를 확보해 인근 주민들도 자연스럽게 지나다닐 수 있도록 했다. 서울관 곳곳에 마련된 마당 역시 개방된 휴식 공간이다. 기무사 건물 옆 '열린 마당'은 삼청동길과 연결되고, 교육동 앞 '도서관 마당'은 북촌길과 만난다. 서울관은 애초부터 건물보다 마당을 중심에 두고 만들어진 공간이다. 그동안 꽉 막혀 있던 공간이 열리고 새로운 중심이 생기자 인근 경복궁과 삼청동·북촌을 찾는 사람들의 동선에도 변화가 나타났다. 가장 큰 변화는 상업적으로 변해가는 삼청동 일대에 누구나 자유롭게 이용할 수 있는 공공의 문화공간이 생긴 것이다.

전통과 현대가 공존하며 조화를 이루는 건물

서울관은 한마디로 튀지 않는 건물이다. 원래부터 그 자리에 있었던 듯 경복궁과 인왕산, 북촌 한옥마을 등 주변 환경과 자연스럽게 조화를 이룬다. 그 비결은 건물의 규모에 있다. 미술관 건물을 경복궁과 북촌의 크지 않은 규모의 전통 건물들과 잘 어울리도록 여러 개로 쪼개 전체 스케일을 줄인 것이다. 그리고 주변과의 조화를 위해 외부로 보이는 건물의 규모를 축소하는 대신 지하에 작품을 전시하고 보관할 대규모 공간을 마련했다.

건물의 재료 역시 주변과의 조화를 신경 썼다. 서울관의 외벽은 한옥 지붕의 암키와를 닮은 오목한 모양의 노란빛 테라코타 타일을 사용했다. 테라코타는 종친부·경복궁의 기와, 기무사 건물의 벽돌처럼 흙을 구워 만들었다는 공통점이 있다. 흙이라는 재료를 통해 전체의 통일감을 준 것이다. 민현준 교수는 테라코타가 한옥의 기와처럼 따뜻한 느낌을 주면서 시간이 지날수록 푸근한 느낌을 주는 재료라서 선택하게 됐다고 설명했다.

서울관은 전통과 현대가 어우러져 새로운 이야기를 만들어내는 곳이다. 미술관 로비에 들어서면 한쪽 끝에 기무사 건물의 붉은 벽돌이 그대로 드러나 있고 반대편 창문 너머로는 종친부 건물이 보인다. 한자리에서 조선시대 종친부와 근대의 기무사 건물, 현대의 미술관을 모두 접할 수 있는 것이다. 미술관 로비 〈서울박스〉에는 배가 공중에 떠 있는 모양으로 만들어진 작품 〈대척점의 항구〉가 전시돼 있다. 이 작품의 이름처럼 서울관은 대척점에 있는 전통과 현대가 공존하며 서로 조화를 이루는 공간이다. 실제로 이 작품을 만든 아르헨티나 작가 레안드루 에를리흐Leandro Erlich는 서울관 로비에서 창밖의 종친부를 바라보며 작품을 구상했다고 한다.

민현준 홍익대 건축학부 교수
"건축은 도시다"

국립현대미술관 서울관의 전시실은 대부분 지하에 있다. 지하 전시실에 들어서면 다른 미술관과 달리 상당히 밝은 느낌이 든다. 전시공간 중앙에 선큰마당을 배치하고 유리창을 통해 자연광을 지하로 끌어들인 데다 전시공간의 벽면도 온통 하얗기 때문이다. 민현준 교수는 "우리나라 미술관은 작품 보호를 위해 전시공간이 어두운 경우가 많지만 유럽의 미술관들은 대부분 밝은 편"이라고 말하면서 서울관은 "자연광과 인공조명을 통해 관람객들이 밝은 전시실에서 쾌적하게 작품을 관람할 수 있도록 설계됐다"고 설명했다.

새하얀 분위기의 전시공간을 지나면 검은 벽면의 어두침침한 '블랙박스'라는 공간이 나온다. 영화를 상영하거나 영상·음향이 필요한 작품을 위한 공간이다. 같은 전시공간에서 빛과 어둠이 교차하며 생동감을 자아낸다. 블랙박스 외부의 지상으로 올라가는 계단은 예술세계에서 나와 현실세계로 돌아오는 공간이다. 계단 밑에서는 바로 위의 지상공간이 보이지 않지만 계단을 하나씩 오를 때마다 인왕산이 조금씩 웅장한 모습을 드러내며 현실 세계로의 복귀를 환영한다.

전시동에서 미술관 마당을 가로질러 위치한 교육동도 민현준 교수가 전시관 못지않게 공을 들인 곳이다. 교육동 2층에는 폭 3미터, 높이 5미터가량의 초대형 창을 내어 바로 아래 200년 된 비술나무가 그림처럼 펼쳐진 풍광을 감상할 수 있도록 했다. 민현준 교수는 '건축은 도시'라고 정의했다. 처음에는 낯설어도 살면서 점점 익숙해지는 도시처럼 서울관 또한 처음 마주하면 헷갈리는 공간이지만 두세번 찾아오다 보면 어느새 익숙해지면서 그 진가를 알 수 있다는 의미다.

민현준 교수는 국립현대미술관 서울관 설계로 '2014 한국건축문화대상'에서 사회공공 부문 대통령상을 수상했다.

한국 마천루의 효시
관철동 삼일빌딩

탑골공원에서 남산 쪽으로 걸어 내려오다 청계천 변에 이르면 오른쪽에 직사각형의 검은빛 빌딩이 우뚝 서 있다. 철골조와 검은 색조 유리로 완성된 외관은 단순하면서도 명료하다. 다른 빌딩들에 비해 그리 높지는 않지만 폭과 높이의 알맞은 비례로 안정되고 단단한 느낌이다. 1970년에 준공된 이 빌딩은 한때 한국 최고층 빌딩(114미터)이었으며 한국 최초의 현대적 빌딩이었다. 종로구 관철동 삼일빌딩이 그 주인공이다. 이 건물은 한국을 대표하는 건축가 중 한 명인 고故 김중업의 작품이며 한국인이 최초로 설계한 초고층 건물이다. 2016년 9월 현재, 지은 지 46년이 된 이 건물은 오늘날의 현대적 건물들 틈에서 아직도 명맥을 유지하고 있다.

길이와 너비의 안정적인 비례감을 자랑하는 삼일빌딩. 검은빛의 단순하고 명료한 이 빌딩은 준공
이후 관광명소가 되기도 했다.

한국인이 설계한 최초의 초고층 빌딩

1970년에 준공된 삼일빌딩이 한국 최초의 현대적 빌딩으로 불리는 것은 철골과 유리로 지어 곧게 올린 최초의 건물이기 때문이다. 이 공법은 당시 20층대에 머물던 빌딩의 층수를 31층으로 단숨에 끌어올렸다. 삼일빌딩은 1985년 여의도 63빌딩이 완공되기 전까지 국내 최고층 빌딩의 자리를 지켰다. 당시 국내 최초로 철골을 외벽으로 디테일하게 노출시키고 철골 사이를 유리로 채운 커튼 월curtain wall 방식을 적용했는데, 이는 세계적인 건축가 루드비히 미스 반 데르 로에Ludwig Mies van der Rohe가 지은 미국 뉴욕의 고층 오피스빌딩인 '시그램빌딩'의 외관과 유사하다.

삼일빌딩이 탄생하기까지의 과정을 보면 왜 삼일빌딩이 시그램빌딩의 오마주라는 말을 듣는지 이해가 된다. 당시 이 건물의 발주자인 김두식 삼미그룹 회장이 김중업에게 직접 설계를 의뢰했고 고층 오피스 건축에 대한 욕심이 있었던 김중업은 성공적인 작업을 위해 전 세계 오피스빌딩을 살피러 여행을 떠났다는 후문이 있다. 그리고 그의 여행은 시그램빌딩에서 멈췄다. 김중업은 시그램빌딩의 디테일함과 단순함 그리고 그것들의 조화로움에서 강한 인상을 받았다.

그 시절은 마침 일본에서 건축용 철강이 생산되기 시작하면서 국내에서도 고층 빌딩 건립 여건이 무르익고 있었다. 김중업은 단순해 보이는 이 빌딩의 완성도를 높이기 위해 심혈을 기울였고 실제로 "31층의 높이를 최대한 줄이기 위해 보를 뚫고 닥트를 배열하여 날씬하게 보이려고 무진 애를 썼다"고 회고하기도 했다.

위·· 삼일빌딩 13층에서 내다본 삼일대로 전경. 전면이 유리창으로 이뤄져 외부를 향한 개방감이
뛰어나다.
아래·· 철골과 유리의 단순 반복으로 단단하고 곧은 인상을 주는 삼일빌딩 외관.

다만 김중업은 삼일빌딩을 완공한 후 비운을 맞게 된다. 당시 서울 시가 판자촌 철거민들을 성남시(지금의 광주)로 무분별하게 이주시킨 정 책에 대해 비판적인 언사를 했다는 이유로 설계비도 제대로 받지 못한 채 1971년 프랑스로 강제 출국을 당했던 것이다. 이에 대해 김중업은 삼일 빌딩의 설계비는 받지도 못했는데도 엄청난 세금이 부과돼 성북동 집과 애써 모은 석물들이 몽땅 남의 손으로 넘어갔다고 말했다.

한국의 도시 풍경에 영향을 못 미친 마천루의 효시

삼일빌딩이 한국 마천루의 효시로 불리고 있기는 하지만 인근 도시 조성 에는 큰 영향을 못 미쳤다는 분석도 많다. 삼일빌딩의 뒤를 이어 63빌딩 과 같은 건물들이 세워지면서 국내 빌딩 시장은 본격적인 초고층 시대를 열었다. 하지만 안타깝게도 삼일빌딩의 미학을 계승하고 발전시키는 작 업은 거의 이루어지지 않았다. 삼일빌딩 주변으로 전혀 다른 건물들이 들 어선 것이 대표적인 예다.

장인하 한양대 건축학부 교수는, 삼일빌딩으로부터 최고층 빌딩 자 리를 넘겨받은 63빌딩이 또 다른 건축 방식으로 풀어간 것처럼 당시의 건축물은 다음 세대에 영향을 주는 게 쉽지 않았다고 말했다. 삼일빌딩에 대해 여러 비판적인 시각들도 있지만 고도 성장기에 한국을 대표했던 건 물이라는 점에서는 이견이 없다. 김광현 서울대 건축학과 교수는, 삼일빌 딩에는 오피스 건물의 용도를 뛰어넘은 우리 시대의 한 단면이 새겨져 있다고 말했다. 40년도 더 된 낡은 건물이지만 오피스 건물 이상의 가치가 있다는 의미다.

이제 사람들의 관심은 40년 이상을 지켜온 삼일빌딩의 미래에 있다. 리모델링 등을 통해 전혀 다른 건물로 재탄생할 수 있기 때문이다. 손진 이손건축사사무소 소장은 서소문에 붉은색 커튼 월로 단아하게 자리잡고 있던 옛 효성빌딩이 하루아침에 리모델링이라는 이름하에 무참히 짓밟혔다면서 삼일빌딩은 이 같은 전철을 밟지 말아야 한다고 강조했다.

안양 김중업박물관
"박물관이 된 공장, 거장 건축혼 품다"

자신이 설계한 건축물이 자신을 기념하는 박물관이 된다면 어떨까. 김중업이 1950년대에 설계한 제약회사 유유산업의 사무동과 공장이 2014년 '김중업박물관'으로 탈바꿈해 오픈을 했다. 안양시는 경기 안양시 만안구 안양예술공원에 위치한 이들 건물과 부지를 사들여 박물관으로 리모델링했다. 건축가를 기리는 박물관은 이곳이 처음이다.

'김중업관'으로 꾸며진 2층 건물은 옛 유유산업 사무동이다. 기둥 역할을 하는 구조물을 외부로 노출시켜 내부 공간을 다양하게 활용할 수 있도록 지어진 건물이다. 내부 전시

위·· 김중업박물관 전경. 안양시가 김중업이 1950년대에 설계한 유유산업의 사무동과 공장을 사들여 리모델링 후 오픈했다.
아래·· 김중업박물관 문화누리관. 옛 유유산업 공장동으로 건물 입면에 국전 조각가 박종배의 모자상과 파이오니상 등 예술 작품을 설치한 선구적 건물이다.

실에는 김중업이 남긴 건축 도면과 모형, 메모와 스케치 등이 갖춰졌다. 이 박물관의 백미는 김중업의 큰아들이 기부한 나무 모형들이다. 이것들을 통해 김중업의 대표작인 아현동 프랑스 대사관(1961년 준공)과 신당동 서산부인과(1965년 준공) 그리고 지금은 철거된 제주대 본관(1964년) 모형 등을 살펴볼 수 있다.

옛 유유산업 공장동은 '문화누리관'으로 현판을 달았다. 준공 당시 건물 입면에 국전 조각가 박종배의 모자상과 파이오니상 등 예술작품을 설치한 선구적 건물이다. 이곳에서는 예술 교육과 특별 전시가 이뤄진다. 옥상에 레스토랑과 정원이 있어 도심 속 여유를 즐기기에도 좋다.

도시를 젊게 만드는 오래된 건축

대학로 샘터 사옥

지하철 4호선 혜화역 2번 출구를 나와 고개를 돌리면 담쟁이넝쿨에
둘러싸인 붉은 벽돌 건축물이 나온다. 건축가 고故 김수근이 1977년
에 설계해 1979년에 완공된 대학로 '샘터 사옥'이다. 젠트리피케이
션gentrification의 원조로 불리는 대학로에는 하루가 다르게 오래된 건
물들이 사라지고 새로운 건물들이 올라서고 있다. 하지만 이 같은 변
화 속에서도 샘터는 세월의 흔적을 간직하며 오래도록 한자리를 지
키고 있다. 샘터 사옥은 1956년부터 반세기가 넘도록 한자리를 지키
고 있는 길 맞은편의 '학림다방'과 함께 대학로를 지키는 상징과도
같은 건물이다. 승효상 이로재 대표는 샘터 사옥에 대해 "대학로의
역사를 증언하는 건축물"이라 평했다.

지하철 4호선 혜화역 2번 출구 뒤편에 위치한 대학로 샘터 사옥. 고 김수근이 설계한 샘터는 붉은 벽돌과 건축물을 에워싸고 있는 담쟁이넝쿨로 인해 시간과 계절에 따라 다른 매력을 뽐낸다.

김수근 건축의 정수, 붉은 벽돌 건물의 효시

샘터 사옥은 건축가 김수근이 왕성한 작품 활동을 하던 1970년대에 지어진 건축물이다. 당시 김수근이 사용한 주재료는 '벽돌'이었다. 그는 "건축은 빛과 벽돌이 짓는 시"라고 말할 정도로 벽돌에 대한 애착이 강했다. 승효상 대표는 김수근 건축의 정수는 벽돌 건물이라고 말하며 벽돌이라는 소재는 따뜻한 느낌을 주면서, 손으로 잡을 수 있는 '휴먼 스케일'이라는 점에서 인간적인 느낌을 준다고 설명했다. 이 같은 붉은 벽돌 건물의 효시가 바로 샘터다. 샘터와 함께 마로니에공원을 둘러싸고 있는 김수근의 또 다른 작품들인 아르코미술관(1979년 준공), 아르코예술회관(1981년 준공) 등의 붉은 벽돌 건물은 이제 대학로를 상징하는 건축물이 됐다. 승효상 대표에 따르면 당시 서울시에서도 대학로에 들어서는 건축물들은 붉은 벽돌을 주재료로 사용하라고 권장할 정도였다고 한다.

샘터 사옥에서 볼 수 있는 또 다른 특징은 건물 전체를 휘감고 있는 담쟁이넝쿨이다. 준공과 동시에 심어진 담쟁이넝쿨은 샘터에 실용과 낭만이라는 서로 다른 매력 두 가지를 선물한다. 담쟁이넝쿨 덕분에 무더운 여름날에는 단열 효과를 누릴 수 있게 됐으며, 오래된 벽돌 건축물이 주는 낭만적인 분위기도 더욱 돋보이게 됐다. 또 시간의 변화에 따라 녹색에서 붉은 색깔로 바뀌며 물들다가, 겨울에는 잎이 떨어져 앙상한 가지만 남는 담쟁이넝쿨 덕분에 계절이 바뀔 때마다 다른 건축물을 보는 듯한 느낌도 든다. 승효상 대표는 샘터 사옥은 계절에 따른 변화뿐만 아니라 아침과 낮 그리고 저녁 등 하루에도 몇 번씩 다른 모습을 보여주는 건축물

샘터 사옥을 둘러싸고 있는 담쟁이넝쿨은 실용과 낭만이라는 두 가지 매력을 선사한다. 담쟁이넝쿨 덕분에 무더운 여름날에는 단열 효과를 누릴 수 있게 됐으며, 오래된 벽돌 건축물이 주는 낭만적인 분위기도 더욱 돋보이게 됐다.

이라며, 개인적으로 담쟁이넝쿨과 플라타너스 나무로 둘러싸인 샘터가 오후 늦게 석양빛을 받는 모습이 가장 황홀하게 느껴진다고 말했다.

공공영역에 대한 건축주의 배려

샘터는 출판사 샘터 사옥으로 지어진 건물이다. 고故 김재순 전 국회의장 이 터를 사들인 다음 김수근에게 설계를 맡겼다. 이처럼 사적 용도로 지어진 샘터는 공공영역에 대한 건축주의 배려가 돋보이는 건축물로 꼽히고 있다. 한 예로 1층에 필로티(건축물 하단부를 기둥만 세우고 비워둔 구조) 형식으로 비어 있는 공간이 있는데 이는 대로변과 이면도로를 이어주면서 공공성을 확보한다. 길 가는 사람들은 이 공간을 통로 삼아 대학로의 안과 밖을 드나든다. 지하철에서 내린 승객들은 이곳에서 갑작스럽게 쏟아지는 비를 피하기도 하고, 만남의 장소로 활용하기도 한다. 승효상 대표는 이를 두고 아무나 들어갈 수 있는 공간이다 보니 사람들에게 공공영역이라는 인식이 생기는 것이라고 설명했다. 아울러 대학로에서도 가장 비싼 축에 속하는 땅을 상업적인 이윤 극대화에만 쓰지 않고 공공에 내줬다는 점은 높이 평가받아야 한다고 말했다.

이와 관련해 재미있는 일화가 하나 있다. 승효상이 대표로 있는 건축설계회사 이로재는 지난 2002년 지금의 사무실로 이사 오기 전까지 1990년대 초반부터 약 10년간 샘터 4층을 사무실로 사용했는데, 10년간 단 한 번도 임대료가 오르지 않았다고 한다. 승효상 대표는 어느 날 주변의 다른 건물들에 비해 자신이 말도 안 되는 임대료를 내면서 샘터에 머물고 있다는 것을 알고는 건축주에 미안하고 스스로 부끄러운 마음이 들어 지금 있는 곳에 땅을 사서 사옥을 지었다고 한다. 건축의 공공성에 대한 건축주의 철학을 읽을 수 있는 일화다. 샘터가 공연장, 화랑 등 문화와 예술을 사랑하는 사람들이 모이는 장소로 사용됐던 것도 이와 무관하지 않을 것이다.

왼쪽·· 샘터 1층에 필로티 구조로 비어 있는 공간. 사람들은 이곳에서 비를 피하거나 누군가를 기다린다. 오른쪽·· 맨 꼭대기 층인 5층은 김수근의 제자인 승효상 이로재 대표가 2000년대 말에 증축했다. 원형과 차이를 두기 위해 철과 유리를 사용했다.

지역의 역사와 장소혼을 창조하다

샘터 사옥은 준공 이후 30년이 넘도록 원형이 그대로 보존돼왔다. 지난 2000년대 말 김수근의 제자인 승효상 대표가 맨 꼭대기 5층을 증축한 것 외에는 변화가 없다. 증축 당시에도 원형을 살리기 위해 애를 썼다. 승효상 대표는 증축을 할 때 벽돌 건물의 정체성을 유지하기 위해 벽돌이 아닌 유리와 철을 사용했는데, 이는 김수근이 설계한 부분과 자신이 설계한 부분을 확실히 구분할 수 있게 하기 위해서였다고 설명했다. 그의 말에 따르면 유네스코에서도 오래된 건축물을 증축할 경우 정체성이 사라지는 것을 우려해 원형을 그대로 보존하도록 권고하고 있다.

이처럼 오래도록 변하지 않는 건축물은 어떤 가치가 있을까. 정석 서울시립대 도시공학과 교수는 옛 건물을 철거하고 재개발해 새 빌딩이 들어서면 임대료가 크게 상승해 오래된 식당이나 작은 가게들이 사라지는데, 이렇게 되면 도시에 있는 다양한 활력 요소들도 함께 사라져 특색 없고 밋밋한 대기업 사무실들만 남게 된다고 아쉬워했다. 그는 이어 최근 전 세계적으로 옛 건물들을 리모델링해 고용을 창출하고 자산가치를 증대시키는 경향이 나타나고 있다고 덧붙였다. 실제로 영국 런던이나 독일 베를린 등지에서는 상대적으로 임대료가 저렴한 지역의 건물로 젊은이들과 예술가들이 모여들어 거리가 활성화되는 현상이 나타나고 있다.

구자훈 한양대 도시대학원 교수는, 도시학자 제인 제이콥스Jane Jacobs가 거리의 매력은 건물의 용도, 규모, 햇수, 상태 등이 다양할수록 커진다고 주장했다면서, 특히 오래된 건물은 그 지역의 역사와 장소의 혼genius loci을 만들어내는 의미 있는 건물이며 샘터 사옥은 그런 면에서 지역의 정체성을 유지하도록 해주는 귀한 자산이라고 말했다. 이 같은 측면에서 샘터 사옥은 보존을 통해 건축물의 가치는 물론 대학로의 가치를 높인 건물로 평가받고 있다.

대학로, 시간을 되돌릴 수 있을까

과거 서울대 캠퍼스가 위치해 '대학로'라는 이름이 붙여진 동숭동, 혜화동, 연건동 일대는 원래 문화와 예술의 거리였다. 대학로의 이미지는 1970년대 서울대가 관악 캠퍼스로 옮기고 난 후 예술가들이 하나둘씩 모여들고, 소극장과 서점·화랑들이 들어서면서 만들어지기 시작했다. 건축가들도 많이 모여 살았다. 하지만 대학로의 이미지는 시간이 지나면서 퇴색하기 시작했다. 현재 홍대, 이태원 경리단길, 신사동 가로수길 등지에서 벌어지고 있는 현상과 마찬가지로 처음에는 카페가 하나둘씩 들어섰고 이후 술집과 옷가게 등이 빠른 속도로 대학로를 차지하더니 급속한 상업화로 임대료가 올라가자 이를 견디지 못한 원주민들이 다른 지역으로 빠져나갔다. 이제 그 많던 책방과 화랑은 좀처럼 눈에 띄지 않는다.

대학로에서는 단순히 사람들만 떠난 것이 아니다. 건물들도 상업주의에 물들어갔다. 기존 건물들까지 좀 더 많은 용적률을 갖기 위해 천박한 몰골로 변해갔다. 높지 않은 아담한 건물들이 문화와 예술을 사랑하는 사람들을 편안하게 맞아주던 분위기는 사라진 지 이미 오래다. 그래도 다행스러운 일은 최근 대학로에 조금씩 변화의 바람이 불고 있다는 사실이다. 이는 서울시가 내놓은 젠트리피케이션 대책 때문만은 아니다. 눈에 띄는 특징은 대학들이 많이 들어오고 있다는 점이다. 기존 성균관대와 서울대 의과대학 외에도 예술 관련 학과를 가진 대학들이 잇따라 대학로에 분교를 내고 있다.

승효상 대표는 서울시의 인위적인 대책보다 최근 들어 대학로에 20여 개의 대학이 들어온 것을 더 중요하게 보고 있다. 젊은이들이 끊임없이 대학로로 몰려들면서 거리의 풍경이 바뀌고 있기 때문이다. 이런 분위기에 힘입어 학생들이 필요한 물품을 공급하는 가게들도 점점 늘어나는 등 바람직한 방향으로 바뀌고 있다.

서울역 앞 거대한 짐승 같은 빌딩

남대문 서울스퀘어

서울역은 KTX역과 버스환승역 등 다양한 대중교통의 집결지로 하
루에도 수많은 사람들이 오가는 곳이다. 특히 서울역은 지방에서 청
운의 꿈을 안고 상경하는 사람들이 꼭 한 번은 거쳐야 하는 관문 중
하나다. 이런 역사를 나서자마자 한눈에 들어오는 붉은색 건축물이
있다. 바로 '서울스퀘어(옛 대우센터빌딩)'다. 서울스퀘어는 주변의 모
든 풍경들을 사라지게 할 정도로 압도적인 규모를 자랑한다. 설레는
마음을 안고 서울에 도착한 시골 청년들은 이 거대한 건축물의 위용
에 두려움을 느끼기도 한다. 이와 함께 '역시 서울은 다르다'는 인상
을 심어주는 건축물이기도 하다.

위·· 서울역과 마주 보고 서 있는 '서울스퀘어' 전경. 가로·세로 100미터의 딱딱한 정사각형 형태의
건물로 서울 오피스빌딩 중 가장 큰 규모를 자랑한다.
아래·· 서울스퀘어에서 내려다본 서울역 일대 풍경.

개발시대 상징하는 대규모 건축물

서울스퀘어는 원래 교통센터로 지어진 건물이다. 당시의 언론 보도에 따르면 처음에는 지금과 같은 모습이 아닌 7층짜리 건물이었다. 이후 1973년 8월 김우중 당시 대우실업 대표가 약 47억 원에 교통센터를 인수했고 1976년에 현재의 모습인 지하 2층에서 지상 23층 규모의 매머드급 빌딩으로 재탄생했다. 이름도 '대우센터빌딩'으로 바뀌었다.

대우센터빌딩은 완공 당시 국내 최대 규모의 오피스빌딩으로 눈길을 끌었다. 현재 기준으로 보더라도 흔치 않은 규모를 자랑한다. 특히 가로·세로 100미터 길이의 정사각형 모양의 건축물은 현행 건축법상 구현하기 어려운 형태다. 2009년 서울스퀘어 리모델링 디자인을 맡았던 김정임 서로아키텍츠 대표는 서울스퀘어의 용적률이 1100퍼센트 이상인데 새로 짓게 되면 800퍼센트 이상으로 지을 수 없다고 했다. 그리고 남산 쪽으로 향해 있는 건축물은 10층 이상일 경우 입면의 폭이 55미터를 초과하지 못하기 때문에 '마징가제트빌딩'이라는 별명이 붙은 인근 '포스트타워'와 같이 중간을 비워둬야 한다고 설명했다.

서울스퀘어에 대한 건축 전문가들의 평가는 인색하다. 대부분의 건축가 또는 교수들이 "지금이라면 절대로 지어서는 안 되는 건축물"이라고 강조한다. 안창모 경기대 건축대학원 교수는 규모와 실용성만을 강조한 건축물로 서울을 상징하는 남산을 가리고 서 있어 적절하지 않다고 지적했다. 이런 평가 때문인지 애초의 설계자를 찾기도 어렵다. 대우건설과 서울건축 등에 따르면 서울건축의 전신인 옛 동우건축이 설계를 했지만

서울스퀘어는 건물 외부에서 느껴지는 딱딱한 이미지를 희석시키고 사람들에게 부드러운 이미지를 심어주기 위해 지난 2007~2009년 리모델링 공사 때 내부 디자인에 곡선과 아트워크를 많이 적용했다.

설계자는 끝내 찾을 수 없었다.

　　일각에서는 과거 김우중 회장의 오른팔로 불렸던 김종성 전 서울건축 대표나 한국을 대표하는 건축가 중 한 사람인 김수근이 설계한 것으로 보고 있다. 하지만 김종성 대표는 자신이 설계자가 아니라고 밝혔다. 김수근의 제자인 승효상 이로재 대표도 김수근이 설계한 것은 서울스퀘어 지하에 있는 '대우아케이드'뿐이라고 밝혔다. 이처럼 서울스퀘어는 서울을 대표하는 대형 오피스빌딩임에도 불구하고 그 기원을 찾기가 쉽지 않은 빌딩으로 남아 있다.

여전히 기억되는 이름 '대우빌딩'

많은 사람에게 서울스퀘어는 여전히 대우빌딩으로 기억되고 있다. 택시를 타고 서울스퀘어로 가자고 하자 50대 중반의 택시기사는 대우빌딩을 말하는 것이냐고 되물었다. 그동안 이 빌딩이 대우그룹의 흥망성쇠를 함께해왔기 때문이다. 대우빌딩은 당시 본격적으로 신사옥을 짓기 시작했던 국내 주요 대기업들의 건물 중에서도 그 규모가 가장 컸다. 1970~80년대에는 불이 꺼지지 않는 빌딩으로 유명했으며 국내를 넘어 세계 경영을 목표로 성장하던 대우그룹을 상징하는 건축물이었다. 유현준 홍익대 건축학부 교수는, 대우그룹이 잘나가던 시절에는 권력과 부의 상징으로 통하던 건물이었으며 대우가 삼성과 현대에 이어 세 번째로 큰 기업이었지만 사옥에 있어서는 임팩트가 가장 컸다고 설명했다.

하지만 대우그룹의 영광은 오래가지 않았다. 1990년대 말 대우그룹이 해체되면서 계열사들이 흩어진 뒤 대우빌딩의 주인은 금호아시아나그룹으로 바뀌었고 2007년에는 모건스탠리가 인수했다. 이후 2009년 2월 서울스퀘어로 이름이 바뀌었다. 현재는 싱가포르계 투자가인 알파인베스트먼트가 소유하고 있다. 대우빌딩의 역사는 1970년대부터 고속성장을 구가하다가 1990년대 말 외환위기를 맞은 뒤 외국계 자본의 진출이 본격화된 한국 경제의 역사와 궤를 같이한다.

리모델링으로 부드러우면서 경쾌한 공간으로 이미지 변신

서울스퀘어는 2007년 9월부터 2009년 11월까지 대대적인 리모델링을 실시했다. 권위적이고 닫힌 건물 이미지를 부드럽고 열린 이미지로 바꾸기 위해서였다. 당시 아이아크와 공동으로 리모델링 작업을 기획했던 김진구 정림건축 CM운영본부 대표는, 건축물은 이미지와 공간으로 사람들과 대화를 해야 한다고 생각하는데 서울스퀘어는 딱딱하고 단절된 이미지가 강해 건물의 이미지를 새롭고 경쾌하게 바꾸는 데 초점을 맞췄다고 설명했다.

애초 계획은 건축물 전면부를 전부 유리로 바꾸는 것이었다. 하지만 인허가 과정에서 허용이 되지 않아 다른 방법을 강구해야 했다. 당시 디자인을 맡았던 김정임 대표는 건물 전면부 1.5미터 정도의 거리에 글라스 파사드를 설치하고 그 사이에 삼각형 블라인드를 넣어 캔버스를 구현하려 했지만 서울시 인허가 과정에서 무산됐다고 말한다. 서울시가 이를 재개발로 판단했고, 재개발의 경우 주변 부지를 매입해 기부 채납을 해야 했기 때문에 건축주 입장에서는 받아들이기 어려웠다는 것이다. 그래서 생각해낸 것이 발광다이오드LED 소자를 박아 미디어 파사드 형태를 구현하는 것이었다. 외관뿐만 아니라 건축물 내부에서도 딱딱한 이미지를 없애기 위해 노력했던 김진구 대표는, 사람들이 건물의 외관만 보고 판단하지 않도록 내부 디자인에 곡선을 많이 도입했다고 설명했다.

드라마 〈미생〉 촬영 장소, 상사맨들의 애환 간직

서울스퀘어는 드라마 〈미생〉의 촬영 장소로도 유명하다. 드라마 속 주인공들이 근무하는 회사 '원인터내셔널'은 종합상사였는데 실제 서울스퀘어는 옛 대우인터내셔널(현 포스코대우)의 본사가 있었던 건물이기도 하다. 지난 1967년 대우실업으로 시작한 대우인터내셔널은 대우그룹이 어려워지면서 2000년 말 대우에서 인적 분할됐다. 이후 2008년 본사를 인근 '연세재단세브란스' 빌딩으로 이전했으며 2014년까지는 서울스퀘어에서도 일부 공간을 임대해 사용했다.

서울스퀘어를 촬영 장소로 선택한 〈미생〉은 압도적인 규모를 자랑하는 건물 앞에서 잔뜩 움츠러든 주인공 장그래의 어깨와 그의 상사인 오상식 부장이 옥상에서 연신 담배를 피워대며 인상을 쓰는 모습 등을 그리며 상사맨들의 애환을 더욱 실감나게 보여줬다. 실제로 빈 사무 공간 중

상사맨들의 이야기를 그린 드라마 〈미생〉의 촬영 장소였던 서울스퀘어. 실제로 과거 서울스퀘어에
는 종합상사인 대우인터내셔널(현 포스코대우) 본사가 있었다.

일부는 촬영 당시 세트장으로 만들어 사용되기도 했다. 서울 시내가 한눈
에 내려다보이는 옥상도 주 촬영 장소 중 하나였다.

하지만 시간이 흘러 이제 서울스퀘어에서 상사맨들의 흔적은 찾아
볼 수 없다. 대우인터내셔널은 2010년 포스코그룹에 인수된 후 2015년
인천 송도로 본사를 이전했다. 회사 이름도 포스코대우로 바뀌었다. 현재
서울스퀘어에는 메르세데스벤츠·지멘스·엑슨모빌 등 외국계 기업들과
LG전자·KEB하나은행·우리은행 등 다른 업종의 기업들이 들어가 있다.

버려진 물탱크로 빚어낸 시의 공간

청운동 윤동주문학관

"동冬 섣달에도 꽃과 같은, 어름 아래 다시 한 마리 잉어와 같은……"
윤동주가 세상을 떠난 뒤 발간된 시집《하늘과 바람과 별과 시》서문
에서 그의 선배이자 시인인 정지용은 윤동주를 이렇게 기억했다. 서
울 종로구 청운동 '윤동주문학관'을 방문한 사람들은 가장 먼저 이
글귀를 마주 보며 윤동주를 기억한다. 인왕산 자락에 살포시 안겨 제
존재를 드러내지 않으면서도 가장 인상 깊은 방식으로 시인의 모든
것을 보여주는 윤동주문학관은 그러고 보니 윤동주와 꼭 닮았다.

서울 종로구 청운동에 위치한 윤동주문학관 전경. 과거에 존재했던 수도가압장의 느낌이 최대한 이어지도록 짓고 나니 주민들의 기억과 윤동주의 차분한 느낌을 동시에 살리는 효과가 나타났다.

낡은 수도가압장이 시의 공간으로 재탄생

윤동주문학관의 원래 모습은 낡은 수도가압장이었다. 가압장은 높은 지대로 올라오면서 점차 약해지는 물살에 압력을 가해 다시 흐르도록 만들어주는 역할을 하는 곳이다. 낡고 작은 수도가압장을 윤동주문학관으로 다시 태어나게 한 인물은 이소진 아뜰리에리옹 서울 대표다. 설계 의뢰를 받고 고민하던 이소진 대표는 수도가압장이 자리 잡은 장소에 반해 프로젝트를 맡기로 결정했다. 이후 벌어진 우연의 연속으로 인해 윤동주문학관은 이소진 대표에게도 특별한 건축물로 기억되고 있다.

처음 구상했던 설계는 건물 옥상을 활용한 큰 정원을 만드는 것이었다. 좁은 실내 공간의 한계를 벗어나기 위해 고심한 방법이었다. 하지만 2011년 7월 집중 호우로 우면산 산사태가 발생한 이후, 윤동주문학관의 안전진단을 진행하던 중 감춰져 있던 두 개의 물탱크를 발견하게 된다. '바닥면적 55제곱미터, 높이 5.9미터'의 물탱크를 발견한 순간 이소진 대표는 작은 구멍을 통해 (물탱크 안으로) 빛이 들어오는 모습이 시적으로 느껴졌다고 회상한다. 주저 없이 물탱크 공간을 활용한 설계로 바꿨고 작업은 처음부터 다시 이뤄졌다. 이로써 물탱크 한 곳은 지붕을 걷어내고 '열린 우물'로, 다른 한 곳은 공간을 그대로 유지한 채 '닫힌 우물'로 재탄생했다.

열린 우물에서 하늘을 올려다봤을 때 빼꼼히 보이는 팥배나무도 우연이 남겨준 선물이었다. 공사 과정에서 뿌리가 절반 이상 외부로 드러났지만 끈질긴 생명력과 공사 진행팀의 노력으로 살아남았다. 살아난 나무

왼쪽·· 제1전시실에서 철문을 열고 나오면 물때 낀 벽면과 하늘이 감싸 안은 열린 우물이 등장한다.
오른쪽·· 제2전시실에서 하늘을 올려다보면 빼꼼히 고개를 내민 팥배나무를 만날 수 있다.
아래·· 원래는 옥상 전체를 정원으로 만들 계획이었지만 물탱크 한 곳의 지붕을 뚫기로 결정하면서
현재와 같은 모습으로 재탄생했다.

는 열린 우물 안쪽으로 가지를 드리웠다. 이소진 대표는 열린 우물에서 하늘만 보이면 의도적인 느낌이 드는 분위기인데 팥배나무가 드리워지면서 주변 환경과 어우러지자 우물 안에서 계절을 느낄 수 있게 됐다고 말한다. 어떤 의도에 의해 만들어진 것이 아니라 주어진 것들과 함께 작업하면서 받은 큰 선물이 문학관을 살아 숨 쉬게 한 것이다.

물 때 낀 전시장, 열린 우물과 닫힌 우물

윤동주문학관은 총 세 개의 전시실로 구성돼 있다. 제1전시실인 '시인채'는 윤동주 시인에 대한 정보를 제공하는 공간이다. 정지용·백석 시집 등 윤동주가 즐겨보던 책의 표지, 사진 자료, 육필 원고 등이 전시돼 있다.

　　윤동주문학관만이 갖는 매력은 '열린 우물'이라는 이름이 붙은 제2전시실부터 시작된다. 묵직한 철문을 옆으로 밀고 들어가면 물때 낀 벽면과 그 위편을 채우는 하늘이 한눈에 들어온다. 한 발자국 걸어 들어가는 순간 현실 공간에서 시적 공간으로 한 차원 넘어온 듯한 느낌을 받는다. 상상조차 하지 못했던 물탱크를 발견했을 때 설계자가 받았던 극적인 느낌을 방문객들도 오롯이 느낄 수 있도록 철문을 최대한 무겁게 만들었다.

　　열린 우물에서 이어지는 또 하나의 철문을 열면 이번엔 전혀 다른 분위기의 공간이 나온다. 컴컴하고 서늘한 느낌이 감도는 '닫힌 우물'이다. 왼쪽 벽면 위에 작게 난 구멍을 통해 한 줄기의 빛만 들어올 뿐이다.

천장에서 흘러내려오는 한 줄기 빛만 존재하는 '닫힌 우물'은 윤동주가 생을 마감한 일본 후쿠오카 형무소를 떠올리게 한다.

열린 우물과 닫힌 우물에는 아무 전시품도 없이 텅 비어 있다. 닫힌 우물 한쪽 벽면에 윤동주의 삶을 담은 짤막한 영상물만 하루 몇 차례 상영된다.

설계자는 이 공간 자체가 갖는 힘이 충분해서 최대한 비우려 했다고 설명했다. 열린 우물은 윤동주의 시 〈자화상〉에서 언급된 우물을 모티브로 삼았다. 닫힌 우물의 거친 벽면과 어두운 내부, 서늘한 공기는 윤동주가 생을 마감했던 일본 후쿠오카 형무소를 자연스럽게 연상시킨다. 채우기보다 비움을 선택함으로써 방문객들이 오히려 윤동주의 삶을 더 깊이 느끼고 돌아갈 수 있도록 했다.

제1전시실에는 윤동주 시인의 육필 원
고 등 자료가 전시돼 있다.

윤동주부터 가압장까지 층층이 쌓인 기억

용도 폐기된 수도가압장을 활용해 새로운 가치를 만들어냈다는 점에서 윤동주문학관은 '재생 건축'의 대표적인 사례가 됐다. 종로구청에서도 무조건 허물고 부수고 새로 짓는 것보다 기존의 수도가압장 원형을 최대한 살리고 최소한의 손질만을 가해 처음부터 그 자리에 있었던 것처럼 만들고 싶어 했다. 이소진 대표 역시 수도가압장에 대한 기억을 굳이 지워버리려 하지 않았다. 가압장의 기억을 이미 오랫동안 간직하고 있는 주민들과 생활 경관을 최대한 존중하면서 작업을 해나갔다.

윤동주문학관은 같은 자리를 40년 이상 지키면서 동네 풍경과 삶의 일부가 돼버린 기존 건물의 느낌을 최대한 살린 덕분에 건축물의 물리적인 재생을 이뤄냈다. 아울러 지역 활성화 역할을 하면서도 주민들의 과거 흔적과 기억마저도 그대로 안고 가는 독특한 건축물로 탄생할 수 있었다.

윤동주를 기억하는 그곳
"종로 하숙집부터 연희전문 다락방까지"

윤동주와 서울 종로의 인연은 4개월 남짓에 불과하다. 윤동주는 연희전문(현 연세대) 4학년에 재학 중이던 1941년 후배 정병욱과 함께 종로구 누상동에 위치한 소설가 김송의 집에서 4개월가량 하숙했다. 비록 기간은 짧았지만 이 시기에 윤동주는 〈서시〉, 〈별 헤는 밤〉, 〈또 다른 고향〉, 〈십자가〉 등 많은 사람의 마음을 움직이는 작품들을 남겼다. 종로구는 이러한 인연을 배경으로 윤동주가 즐겨 다니던 인왕산 자락에 윤동주문학관을 지었다.

윤동주를 기억하는 곳은 윤동주문학관뿐만이 아니다. 전남 광양시 진월면 망덕리 작은 어촌마을에는 윤동주의 유고 시집이 보관돼 있던 낡은 목조주택이 자리 잡고 있다. 이곳은 윤동주와 함께 하숙하며 지낸 정병욱의 생가다. 정병욱이 학병으로 징용될 때 고향에 계신 어머니에게 윤동주의 자필시집을 맡겨두었던 집이다. 정병욱은 해방 후 고향을 다시 찾아 어머니에게 시 원고를 돌려받은 뒤 곧바로 시집 발간 작업을 했다. 그의 노력으로 윤동주가 일본 후쿠오카 형무소에서 세상을 떠난 지 3년 뒤인 1948년에 시집《하늘과 바람과 별과 시》가 세상에 나올 수 있게 됐다. 정병욱 생가는 1925년에 지어진 일본식 목조건물로 2007년 등록문화제 341호로 지정됐다.

서울 서대문구 연세대에는 윤동주가 연희전문 재학 시절 살았던 기숙사가 아직 남아 있다. 1922년에 건립된 3층 규모의 석조 건물 '핀슨홀Pinson Hall'이 그곳이다. 언더우드관과 스팀슨관, 아펜젤러관 등이 화려한 외양을 자랑하는 것과 달리 핀슨홀은 남학생 기숙사 용도로 지어졌기 때문에 주거용 건축 형식을 따르고 있다. 윤동주는 입학 후 이곳 3층 다락방에서 머물며 시를 썼다고 한다. 연세대에서는 이를 기념하기 위해 2층에 기념관을 마련해두고 있다. 윤동주의 사진과 함께 거주하던 당시를 재연한 책상과 펜, 원고 등이 방문객들의 눈길을 끈다.

역사적 기억들이 담긴 장소
중구 동대문디자인플라자

별기군 훈련장에서 경성운동장으로, 다시 서울운동장을 거쳐 동대문 운동장으로……. 서울 중구 동대문디자인플라자가 자리 잡은 장소는 조선시대 이전부터 흘러온 역사가 겹겹이 쌓여 있는 곳이다. 동대문 디자인플라자는 별명처럼 어느 날 갑자기 서울에 불시착한 외계 우주선이 아니다. 당연히 그 땅을 딛고 발생한 역사와 전혀 무관할 수 없다. 그리고 이 점이 동대문디자인플라자가 동대문 운동장 철거 시점부터 현재까지 끊임없이 논란의 중심에 서 있게 된 이유이기도 하다.

독특한 외관 때문에 서울에 불시착한 외계 우주선이라는 별칭을 가졌지만 설계자인 자하 하디드는
오히려 언덕과 같은 자연의 선을 차용해 주변과의 괴리감을 줄여줬다고 설명한다.

위·· 밤이 되면 은은한 빛이 동대문디자인플라자를 감싸 안지만 바쁘게 움직이는 주변과는 동떨어진 느낌을 준다.
아래·· 동대문디자인플라자가 들어서기 전 동대문 운동장은 약 2만6000명의 야구팬을 수용하는 공간이었다.

동대문에 또 하나의 기억을 선사하다

동대문디자인플라자가 듣는 가장 큰 비판은 역사적 맥락을 무시한 채 지어졌다는 점이다. 이는 주변과의 조화를 전혀 고려하지 않았다는 비판과 궤를 함께한다. 동대문디자인플라자 터는 원래 훈련도감 소속 군영지였다가 신식 군대인 별기군의 훈련장으로 사용된 곳이다. 구식·신식 군대 간 갈등이 격화되면서 임오군란이 발생한 지역이기도 하다. 이후 이 터는 일본 왕세자 히로히토의 결혼을 기념하기 위해 경성운동장으로 바뀌었고, 해방과 함께 서울운동장으로 이름이 바뀐 뒤 4·19 혁명 1주년 기념식이 치러지기도 했다. 1984년에는 동대문운동장으로 이름이 다시 바뀌었다. 과거 동대문 지역은 난전이 위치한 곳으로 조선시대 때 백성들의 다양한 경제활동이 이뤄졌으며 근현대사의 중요한 역사적 사건은 물론 일상적인 삶까지 모두 담고 있는 장소다.

그래서일까. 그동안의 역사적 기억들과는 전혀 무관해 보이는 우주선과 같은 건물은 사람들에게 매우 낯선 느낌을 준다. 임형남·노은주 건축가는 장소와 용도가 다른 건물들이 오로지 '하디드 브랜드'라는 이름표를 달고 끊임없이 비슷한 모습으로 등장하고 있다고 비판했다.[●] 특히 각각의 장소가 간직해온 역사와 그곳에 담긴 다양한 사람들의 이야기를 듣는 대신 자신의 개념만을 던져놓는 건축가의 휴브리스hubris가 받아들여

● 임형남·노은주 저, 《집, 도시를 만들고 사람을 이어주다》, 교보문고, 2014년.

지는 시대가 온 것이라며 '이야기가 없는 시대'라고 평가했다. 휴브리스는 '오만'을 뜻하는 그리스어로 과거 성공을 우상화해 결국 오류에 빠진다는 의미로 사용된다.

동대문디자인플라자의 등장은 건축물이 역사를 어느 정도 반영해야 하고 어떤 방식으로 기록할지에 대한 논쟁을 촉발시켰다. 이와 관련해 이경훈 국민대 건축학부 교수는, 서울을 민속촌의 모습으로 만드는 것이 아니라면 이 시대에 가장 충실한 건물이 역사적인 건물이라고 말했다. 역사는 멈춰 있는 것이 아니라 흐르는 것인 만큼 현재 시점을 잘 반영한 건축물이 곧 역사가 된다는 의미다. 이런 관점에서 보면 동대문디자인플라자를 기점으로 역사가 단절된 것은 아니다. 훈련도감 군영지와 동대문운동장에서 흘렀던 역사는 동대문디자인플라자에도 흐르고 있다. 박원순 서울시장은 2014년 동대문디자인플라자 개관을 앞두고 설계자인 자하 하디드Zaha Hadid와의 특별 대담 자리에서 '동대문운동장 터는 수많은 기억들이 담긴 소중한 장소'라며 동대문디자인플라자 개관은 이런 동대문에 또 하나의 기억을 선사하는 일이라고 말했다.

동대문에 불시착한 외계 우주선

동대문디자인플라자만 놓고 보면 각진 건물들 사이로 구불구불한 곡선 형태가 마치 외계인이 타고 온 우주선을 연상시킨다. 이 곡면의 바깥 부분을 덮기 위해 총 4만5133장의 알루미늄 패널이 사용됐다고 한다. 또

곡선의 외벽이 계단을 감싸고 있어 '동굴계
단'으로 불린다. 외벽을 촘촘히 뒤덮은 알루
미늄 패널은 총 4만5133장에 이른다.

각각의 패널들은 색깔과 구멍 크기, 구부러진 정도 등 모두 다른 형태를 갖추고 있다.

동대문운동장을 해체하는 과정 중 흔적이 발견됐던 서울성곽 쪽에서 동대문디자인플라자를 바라보면 또 다른 인상을 받는다. 서울성곽 돌담 뒤편으로는 노출콘크리트 벽이 그리고 그 뒤에는 알루미늄 패널로 뒤덮인 동대문디자인플라자가 층층이 겹쳐 있는 모습을 보여준다. 자하 하디드는 2014년 3월 개관식 행사에서 "이곳에서 바라보는 동대문디자인플라자가 가장 아름답다"고 말했다. 동대문디자인플라자의 내부도 역시 곡선으로 구성돼 있다. 살림터 지하 2층에서 지상 4층을 연결하는 나선형 모양의 조형 계단은 동대문디자인플라자 명소 중 한곳이다. 곡면 시공이 가능하면서도 강도가 높은 재료를 찾기 위해 석고보드에 유리섬유를 첨가한 보드로 시공했다.

일상의 흐름에서 배제된 빈 공간

2014년 3월 개관 이후 현재까지 동대문디자인플라자의 실적은 성공적이다. 동대문디자인플라자를 운영하는 서울디자인재단에 따르면 1년 만에 약 840만 명이 다녀갔다. 이는 프랑스 파리 루브르박물관의 1년 관람객인 900만 명에 맞먹는 수치다. 하지만 송하엽 중앙대 건축학과 교수는, 서울은 유동인구가 워낙 많기 때문에 집객 효과는 성공적일 수밖에 없으며 그 속에서 의미를 찾을 수 있을지는 아직 미지수라고 말했다. 약

840만 명의 방문으로는 표현할 수 없는 2퍼센트의 부족한 점을 꼬집은 것이다. 동대문디자인플라자의 2퍼센트 부족한 점은 밤이 되면 더 명확하게 드러난다. 이경훈 교수는, 밤엔 낮처럼 많은 활동이 일어나지 않고 조명 아래 덩그러니 건물만 놓여 있어 동대문디자인플라자가 도시와 분리돼 있는 듯한 느낌을 준다고 지적했다.

이런 논쟁들은 동대문디자인플라자가 아직도 일상에 뿌리내리지 못한 결과인 것으로 보인다. 김연금 조경작업소 울 대표는 "고유한 콘텐츠 없이 스펙터클한 경관은 관광객에게는 목적지가 될 수 있지만 일상의 흐름에서는 배제되는 빈 공간"이라고 지적했다.* 이런 지적은 동대문디자인플라자가 과거로부터의 역사를 연속적으로 이어나가려면 홀로 존재하는 것이 아니라 주변과 호흡을 맞추는 것이 필요하다는 의미로 해석된다. 송하엽 교수는 메가스트럭처(거대 건물)가 안착하기 위해서는 주변에 이끼 같은 착생식물들이 필요하며 대형 전시는 그대로 진행하되 동대문디자인플라자 주변에서 벼룩시장 등 소소한 활동들이 끊임없이 일어나야 한다고 강조했다.

● 김연금, "동대문디자인플라자, 별 것(별 물건도, 별 문제도) 아닐 수 있다," 〈환경과 조경〉, 2014년.

세계적 논란을 일으킨 건축물

"아르마딜로, 촉수 달린 외계인…"

세계적인 건축가 렌조 피아노Renzo Piano는 주변의 역사적 건축물들 사이에서 달걀 모양의 지붕을 드러내고 있는 프랑스 파리 파테재단Pathe Foumdation 본사 건물의 독특함에 대해 이렇게 설명한다. "역사적 도시 안에 새로운 건축물을 짓는 것은 주변과 열린 상태로 물질적인 대화를 한다는 것을 의미한다."

2014년 완성된 파테재단 본사 건물은 흡사 쇠로 뒤덮인 달팽이 또는 아르마딜로를 연상시킨다. 이는 19세기 건물들 속에서 파테재단이 하나의 '생물체organic creature'처럼 보이길 원했던 피아노의 의도가 그대로 반영된 결과다. 마치 물결이 치는 듯한 모습 때문에 앞·뒤·옆 어느 곳에서 보더라도 다른 느낌으로 보이며 곡면을 감싸고 있는 유리와 그 위의 쇠 패널은 외부의 빛을 충분히 건물 안으로 끌어들이고 있다. 이 건물은 파리의 고풍스러운 건물들과 조화를 이루지 못하고 있다는 눈총과 함께 과거와 미래를 연결하고 있다는 평가를 받고 있다.

오스트리아에도 과거와 미래가 공존하는 곳이 존재한다. 도시 전체가 유네스코 세계문화유산인 제2의 도시 그라츠

퐁피두센터를 설계한 건축가 렌초 피아노는 프랑스 영상 유산을 보존하기 위한 파테재단 본사 건물을 독특한 곡면 형태의 건물로 설계했다. 파리 5구 지역 건물 뒤편으로 파테재단 건물 지붕 부분이 모습을 드러내고 있다.

에 지난 2003년에 지어진 '쿤스트하우스그라츠'가 그 주인 공이다. 대표적 '페이퍼 아키텍트Paper Architect'인 피터 쿡Peter Cook이 설계한 만큼 설계안부터 압도적인 반대에 부딪혔다. 페이퍼 아키텍트는 결과물 없이 단순한 드로잉 작업에 머무는 건축가를 의미하며 실제로 지어질 건물보다는 실험적이고 파격적인 아이디어를 도면상으로 시도한다.

오스트리아 그라츠에 있는 현대미술관 쿤스트하우스그라츠는 등에 촉수가 달린 외계인을 연상시킨다. 밤이 되면 건물 정면 외벽에서 1000개의 전구 빛으로 만든 이미지가 끊임없이 움직인다. 초기 반대 여론과는 달리 그라츠 시민들은 이 독특한 현대미술관을 '친근한 외계인'으로 부르고 있으며 관광청에서도 '역사와 미래의 만남'이라고 소개하고 있다.

한 공간에 담긴 세 개의 시간

능동 서울어린이대공원 꿈마루

모든 것들은 태어나는 순간부터 소멸을 향해간다. 건축도 마찬가지다. 과거 유럽에서는 건축물이 시간이 흐르면서 깎이고 약해지는 것을 당연시했다. 다만 시간의 흐름 속에서 건물이 좀 더 천천히 늙어갈 수 있는 방안을 고심했다. 하지만 근대건축의 시기로 접어들면서 '늙어감'은 무조건 막아야 하는 것으로 바뀌었다. 광진구 능동 어린이대공원 안에 위치한 '꿈마루'는 멋지게 늙어가는 건축에 대해 고민하게 만든다. 1970년 준공 당시 골프장 클럽하우스로 탄생한 이 건물은 1973년 어린이대공원으로 재개장해 교양관으로 활용됐다. 이후 전면 철거의 위기를 맞기도 했으나 근대건축 문화적 자산의 가치를 인정받아 리모델링을 통해 현재의 꿈마루가 됐다.

1970년대 골프장 클럽하우스로 탄생해 어린이대공원 교양관으로 활용됐다 현재에 이른 서울어린이대공원 꿈마루의 모습.

사라졌던 1세대 건축가 나상진의 건축

40여 년간 '교양관'이라는 이름으로 사용됐던 꿈마루는 아예 헐리고 새로 지어질 운명이었다. 하지만 설계도면을 본 조성룡 성균관대 건축학과 석좌교수는 오랫동안 덧붙여지고 훼손된 이 건축물이 뛰어난 건축미를 지니고 있다는 점을 발견했다. 우리에게는 거의 잊힌 1세대 건축가 고故 나상진의 작품이 제대로 진면목을 드러내는 순간이었다. 도면 속 건물은 네 개의 거대한 콘크리트 기둥 위에 지붕이 공중에 떠 있는 듯한 모습이었다. 이 도면을 본 조성룡 교수는 "환상적"이라고 표현했다. 김종헌 배재대 교수도 "김중업의 프랑스 대사관, 김수근의 공간 사옥과 함께 한국 현대건축의 최고 걸작"이라고 표현했다.[●]

당초 이 건물은 나상진이 골프장으로 사용됐던 어린이대공원 터에 1970년 국내 최초 골프장인 서울컨트리클럽하우스 용도로 지은 곳이다. 하지만 같은 해 12월 박정희 당시 대통령이 골프장을 옮기고 대신 어린이를 위한 공원을 조성하라고 지시하면서 사용 가치가 사라져버렸다. 준공한 지 얼마 되지도 않은 골프장 클럽하우스는 이후 어린이들을 위한 '교양관'으로 바뀌었고 이 과정에서 노출콘크리트에 페인트가 칠해지고 임시 합판 등이 덕지덕지 붙여졌다. 그 후 40여 년간 어린이대공원은 많은 이들에게 사랑을 받았지만 원래의 건축물이 가지고 있었던 아름다움을 기억하는 이는 드물다. 존재하지만 사실상 사라진 건물이 된 것이다.

● 김종헌, "시간과 장소의 흐름을 연결하는 커넥터로서의 건축," 〈공간〉, 2011년.

1세대 건축가 나상진이 설계한 서울컨트리클럽하우스의 원래 모습은 거대한 네 기둥에 지붕이 공중에 떠 있는 모습이었다.

사무실로 쓰기 위해 새로 지은 '집 속의 집'

리모델링에 나선 조성룡 교수의 작업은 나상진이 탄생시킨 원래의 모습을 다시 보여주는 것이었다. 그리고 이 건물이 천천히 늙어갈 수 있도록 그대로 두는 것이었다. 40여 년간 필요에 따라 덧붙여진 외벽들을 뜯어내고 콘크리트에 칠해진 페인트도 벗겨냈다. 강 위에 세워진 거대한 다리 같은 구조도 되살렸다. 이 건물을 클럽하우스로 사용하던 시절 골프장 조망을 위해 유리로 덮여 있던 외벽 부분에는 철제 창틀을 새로 설치했다. 조성룡 교수는 이러한 작업을 "1970년대에 지어진 훌륭한 건축이니 당장

위‥ 골프를 치기 위해 골프백을 들고 내려오던 진입로를 꽃이 한가득 핀 정원으로 재탄생시켰다.
아래‥ 골프장 조망을 위해 유리로 덮여 있던 곳에 철제 창틀을 설치해 이곳이 원래 어떤 공간이었
는지 짐작하도록 했다.

없애지 말고 좀 더 이용하다가 천천히 버리자는 개념"이라고 설명했다.

　　관리사무실 등으로 이용되는 3분의 1 공간은 '집 속의 집' 형태로 새로 지었다. 이 과정에서 중요한 것은 경제적인 문제였다. 시민 세금으로 짓는 공공건축인 만큼 건축비와 유지관리비를 줄여야 했다. 그래서 '집 속의 집'에만 전기와 수도 등이 들어오도록 하고 나머지는 내부 같은 외부 공간으로 만들었다. 실제로 꿈마루 안으로 들어서면 바깥의 바람과 소리를 그대로 느낄 수 있다. 건물 가운데로는 유리로 된 엘리베이터를 따라 빛이 천장에서 흘러들어오면서 이곳저곳으로 반사되기도 한다.

　　'집 속의 집' 역시 다른 공간들처럼 시간이 흐르면서 자연스럽게 소멸할 수 있도록 붉은 벽돌로 지었다. 조성룡 교수는, 나중에 쉽게 썩는 재료를 쓰는 것이 설계의 원칙이라면서 기왕이면 벽돌이나 나무·쇠 같은 자연 재료를 쓰려 했다고 설명했다.

시간 여행을 떠나는 출입구

어린이대공원 터는 굴곡진 역사와 함께 끊임없이 변화해왔다. 조선의 마지막 왕 순종의 비인 순명황후의 능이 있었지만 일제 강점기 때인 1926년 이 능을 옮기고 골프장이 조성됐다. 이후 1970년 서울컨트리클럽하우스가 지어지고 3년 만에 다시 어린이대공원으로 바뀐다. 이 중 꿈마루는 클럽하우스 시절부터 지난 40여 년간의 시간을 오롯이 담아 보여준다. 이 공간을 찾는 사람들은 거대한 콘크리트 구조를 통해 나상진의 시간을 엿볼 수 있으며 군데군데 덧칠돼 남아 있는 교양관의 흔적을 찾아볼 수 있다. 붉은 벽돌의 새 공간은 꿈마루의 현재를 보여준다. 조한 홍익대 건축학부 교수는 "꿈마루는 시간 여행을 떠나는 출입구"라고 표현했다.[●]

현재의 꿈마루는 계단 옆 벤치, 옥상 위 피아노, 정원 안 테이블 등 내·외부의 모호한 경계를 파고드는 사람들에게 넉넉한 품을 내어준다. 아이들에게는 노출콘크리트의 거친 질감을 느끼게 하면서 낯선 경험을 제공한다. 조성룡 교수는 꿈마루를 노란 병아리색으로 칠해 아이들에게 친숙한 공간으로 만들 수도 있었지만 일부러 그렇게 하지 않았다고 한다. 익숙하지 않은 것을 경험할 수 있는 곳으로 만들고 싶었기 때문이다.

건축가 나상진

"대중의 기억에서 사라진 거장"

건축가 김수근, 김중업을 기억하는 이들은 많지만 나상진 을 아는 사람들은 드물다. 나상진은 오랫동안 우리에게 잊 힌 건축가다. 1924년 전북 김제에서 태어나 1940년 전주 공업학교를 졸업한 뒤 곧바로 실무에 뛰어든 나상진은 설

● 조한 저, 《서울, 공간의 기억 기억의 공간》, 돌베개, 2013년.

계사무소를 운영하면서 1950~70년대의 대표적인 건축가로 자리 잡는다. 서울 남대문 그랜드호텔과 경기도청사, 후암동 성당, 제일은행 인천지점, 명동 한일관 등 150여 개의 건물을 직접 설계했다. 대표작 중 하나인 정부종합청사 설계안은 그에게 시련을 안겨준 작품이기도 하다. 1967년 현상설계 공모전에서 당선돼 착공까지 했지만 정부에서 몰래 미국에 설계를 맡기는 바람에 현재의 높은 건물이 돼버린 것이다. 당시 나상진의 설계는 주변 건물들과의 조화를 염두에 둔 옆으로 긴 층수가 낮은 건물이었다.

150여 개에 달하는 작품을 남기며 한 시대의 대표적 건축가로 활발하게 활동했던 나상진이 사람들의 기억에서 사라진 이유는 무엇일까. 조성룡 교수는 그의 학력을 원인으로 꼽는다. 수많은 건물을 설계했음에도 불구하고 건축계에서조차 그의 이름이 거론되지 않는 것은 나상진이 대학을 졸업하지 않았기 때문이라는 설이 분분하다. 학벌 위주 사회에서 아무런 배경이 없었으니 연결고리가 끊어져버릴 수밖에 없었던 것이다. 군사정권 시절 밀실정치가 이뤄지던 안가 등 정부 관련 시설을 다수 설계한 것이 약점이 됐다는 설도 있다. 정치적인 건축가라는 평가를 받기도 했던 그는 보안상 공개적으로 발표하지 못한 작품들도 꽤 있는 것으로 알려졌다.

2장

쓰임새의
한계를
넘어서다

—

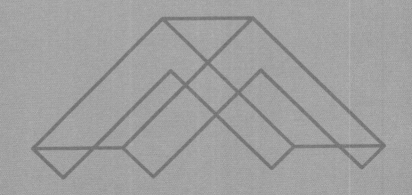

비스듬한 오름길을 따라 걷는다
인사동 쌈지길

서울 종로구 인사동이라는 전통 공간에 대형 쇼핑 공간이 들어선다는 우려도 잠시, 쌈지길은 더 이상 낯선 공간이 아니다. 지난 2004년 12월 준공 이후 10여 년간 쌈지길을 찾은 방문객들은 대형 프랜차이즈 매장이 줄지어 있는 인사동 대로변보다 이곳에서 오히려 인사동의 흔적을 찾는다. 현재의 쌈지길은 누구의 소유인지 따지는 것이 무의미하게 느껴질 정도로 모두에게 열려 있는 공간이 됐으며 인사동의 역사가 됐다.

서울 종로구 인사동 쌈지길 정면. 이곳 터줏대감인 12개 상가가 단층의 형태로 배치돼 있다.

인사동의 새로운 길이 된 건축물

쌈지길을 찾는 대부분의 사람들은 건축물의 전체적인 외형을 기억하지 못한다. 대신 가운데 위치한 마당을 중심으로 비스듬히 감겨 올라간 길을 기억할 뿐이다. 기울어진 바닥을 의미하는 '램프ramp'는 쌈지길의 가장 중요한 특징이다. 이 건축물을 설계한 최문규 연세대 건축공학과 교수는 수평적인 인사동길이 수직적으로 연장됐다고 표현한다. 인사동길 길이의 절반인 500미터의 길이 쌈지길 1~4층까지 완만한 경사로 켜켜이 쌓인 모양새를 갖추고 있다. 인사동 대로를 걷던 사람들은 자연스럽게 쌈지길 안으로 들어와 이 길을 오르내리기를 반복한다. 박길룡 국민대 건축학부 명예교수는 이와 같은 사람들의 모습에 대해 "램프는 사람들을 내뱉었다가 들이마셨다가 뱉었다가 마셨다가 하기를 거듭한다"라고 표현했다.●

쌈지길의 폭은 좁게는 1.8미터에서 넓게는 2.4미터까지 다양하다. 이는 실제 인사동 곳곳의 골목길 너비를 반영한 것이다. 최문규 교수는 인사동 골목에서 서로 몸이 맞부딪히는 일이 쌈지길에서도 이어지기 때문에 불쾌하거나 낯설지 않은 경험이 된다고 말했다.

박제된 전통을 넘어 도시의 내면을 담다

인사동이 전통의 이미지를 대표하고 있는 탓에 처음 쌈지길을 설계할 때

● 박길룡, "인사동길 늘리기," 〈건축과 환경〉, 2005년 6월호.

지붕 대신 인사동 전경을 바라볼 수 있도록 개방
된 형태로 만들어진 옥상(위)과 가운데 마당을 중
심으로 건물 벽을 따라 휘감겨 있는 오름길(아래).

한옥으로 지어야 한다는 요구도 있었다. 하지만 건축가는 기와지붕·한옥 등 형태적인 측면에 집착하기보다 도시가 품고 있는 내면의 측면들을 담고자 했다. 인사동 곳곳을 구성하는 재료들의 사진을 찍어 분류한 결과 건축물 외벽은 검은 전벽돌로, 내부는 노출콘크리트와 일부는 목재를 활용해 익숙함을 더했다. 특히 인사동만의 전통을 작은 골목길에서 찾아 그 길을 연장하는 데 초점을 맞췄다. 최문규 교수가 생각하는 전통은 '계승·발전하는 것'이다. 그는 옛날 건물의 형태를 무조건 똑같이 답습하는 것이 아닌 그 시대에 맞는 사회·경제·문화적인 것들을 표출시켜야 전통의 계승·발전이 가능해진다고 말한다.

'영빈가든' 시절의 모습 중 현재까지 그대로 이어진 것은 1층 바깥쪽에 위치한 12개의 상가다. '영빈가든'은 쌈지길이 들어서기 전 같은 위치에서 터줏대감 역할을 했지만 2001년 화재로 사라졌다. (주)쌈지가 이곳을 대형 상업시설로 짓겠다는 계획을 세우자 가게 주인들과 '걷고 싶은 도시 만들기 시민연대' 등 시민단체들이 '열두 가게 살리기 운동'에 나서면서 영업권을 그대로 보장받게 됐다.

이에 따라 건축가는 대지면적의 20퍼센트 이상은 마당으로 배치하고 건물 높이를 18미터 이하로 제한해야 하는 등의 특별계획구역 지침 외에도 12개 상가를 원래의 단층건물 모습대로 되살려야 한다는 숙제를 안게 됐다. 결과적으로 쌈지길은 인사동 대로변과 맞닿은 바깥 부분에 12개 상가를 배치했고 그 안쪽으로 오름길을 따라 70여 개의 새로운 가게를 만들어내는 데 성공했다.

공공성과 상업성의 경계에서

쌈지길 내 오름길은 건물을 상업적으로 돋보이게 하면서도 동시에 공공성을 잃지 않게 하는 미묘한 줄타기를 하고 있다. 오름길은 경사도가 낮아 오르다 보면 1~4층이 아닌 마치 같은 층을 걷고 있는 느낌이 든다. 모든 층이 1층과 같은 구매력을 확보할 수 있게 된 셈이다. 최문규 교수는 쌈지길은 공공건물이 아니라 상업건물이기 때문에 모든 층이 장사가 잘 되는 건물이 되길 원한다고 말했다. 역설적이게도 이런 쌈지길의 특징은 사람들이 이곳을 더 편안하게 찾게 함으로써 건축물이 아닌 인사동의 일부로 인식하도록 만들었다.

2006년 쌈지길 유료화 소동은 대중이 이곳을 어떻게 인식하는지를 잘 보여준다. 당시 앤디 워홀 전시회를 열면서 입장료 3000원을 받으려고 하자 사람들이 강하게 반발한 것이다. 사유재산인 쌈지길이 입장료를 받더라도 문제가 될 이유는 없었지만 대중은 이곳을 공공 공간으로 인식하고 있다는 점을 잘 보여준 사건이다.

건축물을 지을 때 공공성과 상업성을 어떤 관계로 놓을지, 경계선을 어디에 둘지는 건축가들이 해결해야 할 숙제다. 서현 한양대 건축학부 교수는 "건축의 공공적 가치가 시장자본주의의 가치와 항상 갈등과 모순 관계에 있을 필요는 없다"고 밝혔다.[*] 쌈지길은 공공성과 상업성이 한 공

● 서현 저, 《건축, 음악처럼 듣고 미술처럼 보다》, 효형출판, 2014년.

간에서 숨 쉴 수 있다는 것을 잘 보여주고 있다.

1층부터 4층까지 모든 점포들이 상업적으로 활발하게 운영되면서도 그곳에서 물건을 사지 않는 사람들까지 편안하게 휴식을 즐길 수 있는 공간이 바로 쌈지길이다. 최문규 교수는 특정 건축주를 위해 상업적인 건물을 지어도 다른 사람들이 공공적인 측면에서 건물을 잘 이용할 수 있도록 만드는 것이 건축가들의 중요한 역할이라고 말했다. 그리고 작은 건축가, 건축주의 노력이 모이면 그 도시는 좀 더 살기 좋은 도시가 될 수 있다고 강조했다.

한·미·일의 오름길 건축물
"구겐하임미술관에서부터 오모테산도힐스까지"

쌈지길과 비슷한 건축물로 미국 뉴욕의 구겐하임미술관과 일본 도쿄의 오모테산도힐스가 꼽힌다. 세 건물 모두 비스듬한 경사길을 따라 방문객들이 건물을 걸을 수 있도록 설계됐다. 하지만 세 건축물의 오름길은 같은 듯 서로 다른 모습을 지니고 있다. 구겐하임미술관과 오모테산도힐스는 건축물이 하나의 독립된 세계를 이룬다. 그래서 이 건축물을 방문하는 사람들은 특정한 목적에 따라 건물 내부에 마련된 길을 걷는다.

왼쪽‥ 미국 뉴욕의 구겐하임미술관은 감겨 올라간 길을 따라 걸으며 작품을 감상하는 구조다.
오른쪽‥ 건축 거장 안도 다다오가 설계한 일본의 오모테산도 힐스는 쌈지길처럼 경사로를 따라 상점이 배치돼 있다.

구겐하임미술관의 경우 스프링처럼 감겨 올라간 길을 따라 미술품이 전시되기 때문에 방문객들은 엘리베이터를 타고 올라간 뒤 걸어 내려오면서 작품 감상을 한다. 일본의 건축 거장 안도 다다오Ando Tadao가 설계한 오모테산도힐스는 쌈지길과 마찬가지로 오름길을 따라 상점들이 배치돼 있다는 점에서 비슷하지만 더 내향적인 특성을 갖고 있다.

이에 대해 최문규 교수는 "예를 들어 비가 오는 날 오모테산도힐스에 가면 우산을 접겠지만 쌈지길에선 우산을 쓰고 걸어야 할지 접고 걸어야 할지 애매하다. 쌈지길은 그곳이 건물인지 인사동 어느 골목 어귀인지 명확하지 않다는 것이 가장 독특한 점"이라고 말했다. 최문규 교수는 서울 동작구 숭실대 학생회관도 다양한 폭과 기울기를 지닌 나선형의 경사로를 이용해 설계했다. 최원준 숭실대 건축학부 교수는 "운동장을 제외한 캠퍼스의 모든 부분에서 이 건물은 연속적으로 이어지는 길들의 흐름으로 인식된다"고 설명했다.•

쌈지길과 숭실대 학생회관은 길의 연결을 통해 내·외부가 더 소통할 수 있도록 설계된 것이다. 최문규 교수는 "모든

● 최원준, "학교 건축의 길을 통해 이르다," 〈건축가〉, 256·257호.

것들이 주인공만 하려는 세상 속에서 건축은 다른 입장이
어도 된다고 생각한다. 멋진 건물보다는 사람들을 위해 설
계하고 싶다"고 말했다.

망치질하는 사람과 열린 갤러리
광화문 흥국생명빌딩

광화문은 한국의 수도 서울을 대표하는 업무 중심지다. 직장인들로
붐비는 주중과 사람들이 썰물처럼 빠져나간 주말의 풍경이 극명하
게 갈리는 곳이기도 하다. 이는 교보문고와 세종문화회관을 제외하
고는 마땅히 머물 곳이 없는 광화문이라는 공간이 지니는 특징이기
도 하다. 교보문고와 세종문화회관은 특정 목적을 지닌 사람들의 발
길이 머무는 공간이다. 하지만 광화문 오피스 지구에도 특별한 목적
없이 오가는 사람들의 시선과 발길을 붙잡는 공간이 있다. 바로 서울
시 종로구 신문로 2가 서울역사박물관 맞은편에 위치한 '흥국생명빌
딩과 열린 갤러리'다.

흥국생명빌딩과 '해머링맨'.

지친 삶을 다독이는 힐링 플레이스

2000년에 지어진 흥국생명빌딩은 지하 7층에서 지상 24층, 총면적 72만 제곱미터 규모의 평범한 오피스 건물이다. 건물 자체로만 보면 주변 건물들과 구별되는 특징을 찾기가 쉽지 않다. 대부분의 건축 전문가들도 흥국생명빌딩의 건축학적 의미에 대해서는 크게 의미를 부여하지 않는다. 그럼에도 불구하고 흥국생명빌딩과 열린 갤러리가 도시라는 공간에서 차지하는 의미는 작지 않다.

대부분의 오피스 건물들은 보행자들의 접근을 제한하는 닫힌 공간의 이미지가 강하다. 오피스 건물들이 빽빽하게 들어선 도심의 풍경이 삭막하게 느껴지는 것은 이 때문이다. 하지만 흥국생명빌딩은 다르다. 흥국생명빌딩과 그 주변을 둘러싼 열린 갤러리는 지나가는 보행자들의 발길을 멈추게 하고 시선을 끌어당긴다.

건축 전문지 〈다큐멘텀〉을 만드는 사진작가 김용관은 2000년대 초반만 하더라도 기업들이 시민들에게 회사 사옥의 로비를 내주는 일은 드물었다고 말하면서 흥국생명빌딩과 열린 갤러리는 사옥을 시민들에게 열어준 공간이라는 점에서 매우 의미가 크다고 말했다. 박철수 서울시립대 건축학부 교수도 자본의 논리가 팽배한 비정한 도시에서는 사옥이 얼마만큼이나 공간을 점유하느냐가 중요한데 흥국생명빌딩이 삶에 지친 소시민의 마음을 달래고 위안을 주고 있다면서 이런 역할에 큰 의미를 부여했다.

노동의 숭고한 가치를 표현한 '해머링맨'

흥국생명빌딩과 열린 갤러리에서 가장 먼저 눈에 띄는 것은 '해머링맨 Hammering Man', 즉 망치질하는 사람이다. 해머링맨은 높이가 22미터로, 지금까지 발견된 공룡 중에서 가장 키가 큰 것으로 알려진 사우로포세이돈(16~17미터)보다 크며, 무게도 50톤에 달해 세종로 사거리에서도 한눈에 들어온다. 해머링맨은 지난 2002년 6월 4일부터 망치질을 시작했으며, 오전 8시부터 오후 7시까지 1분에 한 번씩, 하루 660회 쉬지 않고 망치질을 한다. 과거에는 노동절인 5월 1일이 되면 망치질을 쉬었으나 최근에는 토요일과 일요일 그리고 공휴일에도 망치질을 하지 않는다. 2002년부터 지금까지 한 망치질을 계산하면 약 340만 번에 달한다. 이에 2015년 6월부터 8월까지 약 두 달간은 노동에 지친 해머링맨에게 12년 만에 처음으로 휴식을 주고 노후 부품 교체와 도색 작업을 했다.

해머링맨을 만든 미국 작가 조너선 브롭스키Jonathan Borofsky는 1976년 튀니지 구두 수선공이 열심히 망치질을 하는 사진을 보고 노동자의 심장소리를 듣는 듯했다고 말했다. 그는 이 사진에서 영감을 얻어 '노동의 숭고한 가치'를 표현한 해머링맨을 제작했고 1979년 미국 뉴욕에서 3.4미터 높이의 해머링맨을 처음 소개했다. 이후 독일 프랑크푸르트(21미터), 노르웨이 릴레스트룀(12미터), 스위스 바젤(13.4미터) 등 유럽 지역 세 곳과 미국 시애틀(14.6미터), 캘리포니아(10미터), 댈러스(7.3미터) 등 미국 도시 7곳을 포함해 전 세계 11곳에 해머링맨을 설치했다. 아시아에서는 광화문에 설치된 해머링맨이 유일하며 전 세계에서 가장 키가 크다.

위·· 바코드 숫자에는 '2000년 10월 25일 태광 쉰 돌'과 '일주의 뜻으로 광화문에 세우다'라는 의미가 담겨 있다. 이 작품에는 창업주인 일주 이임용 회장의 미래를 향한 도전정신과 흥국생명빌딩을 세운 뜻이 담겨져 있다.
왼쪽·· 로비에 설치된 예술작품 〈2010 아름다운 강산〉.
오른쪽·· 영화관 씨네큐브 진입로.

볼거리 많은 도심 속 문화 공간

공간적으로 보면 해머링맨은 흥국생명빌딩 외부에 자리 잡고 있다. 잠시 동안 시민의 시선을 끌 수는 있겠지만 시민을 사옥 내부로 끌어들일 수 있는 요소는 아니다. 시민이 흥국생명빌딩을 딱딱한 사옥이 아닌 편안한 문화 공간으로 인식하는 것은 해머링맨뿐 아니라 흥국생명빌딩 주변의 섬세한 예술작품들이 자연스럽게 1층 로비로 이어지면서 지하 2층의 예술 영화를 주로 상영하는 영화관 씨네큐브와 연결되기 때문이다.

실제로 흥국생명빌딩의 열린 갤러리에는 해머링맨을 포함해 10여 개가 넘는 예술작품들이 설치돼 있다. 네덜란드 건축 집단 메카누Mecanoo Archtecten가 선보인 프로젝트인 '해머링맨 흥국광장'은 흥국생명빌딩 앞을 흐르는 강처럼 설치된 벤치와 반딧불이 같은 형태의 조명으로 시민들의 발길을 자연스레 1층 로비로 이끈다. 로비에서는 네덜란드 조각가 프레 일겐Fre Ilgen이 설치한 〈당신의 긴 여정Your Long Journey〉과 강익중의 〈2010 아름다운 강산〉을 만날 수 있다. 씨네큐브는 세계 각국의 예술 영화들을 상영하며 시민들이 오래 머물 수 있도록 한다. 박철수 교수는 흥국생명빌딩이 공공이 운영하는 공식적인 문화 공간은 아니지만 시민들이 문화 예술을 즐기는 공간으로서의 역할을 충분히 하고 있다고 말했다.

건물에도 염치가 있다

염치廉恥라는 단어의 사전적 의미는 '체면을 차릴 줄 알며 부끄러움을 아는 마음'이다. 건물에도 염치가 있다. 이경훈 국민대 건축학부 교수는, 도시의 혜택은 당당히 누리면서도 공동의 이익보다 제 이익만을 좇는 건축물은 염치가 없는 건축물이라 지적했다.[*] 아울러 도시의 건축은 도시적인 공공 공간을 배려하고 살피는 것으로 시작하며, 이 같은 도시적인 건축은 모두를 행복하게 만든다고 강조했다. 이런 면에서 볼 때 시민들에게 문화를 즐기고 휴식을 취할 수 있는 공간을 제공한 흥국생명빌딩은 제대로 염치를 차린 건축물이라고 할 수 있다.

　　제도적으로 도시의 건축물들이 염치를 차릴 수 있는 방법은 '공개공지'를 활용하는 것이다. 공개공지란 총면적 합계 5000제곱미터 이상인 업무·판매·종교·숙박 시설 등의 건축물에 한해 건축조례가 정하는 대로 대지면적의 100분의 10 이하의 범위에서 일반이 사용할 수 있는 소규모 휴게시설 등을 설치하는 것이다. 하지만 도심의 건축물들 중에는 공개공지를 적극적으로 시민들에게 내어주지 않고 어쩔 수 없이 만들어놓은 듯한 공간들이 적지 않다.

　　박철수 교수는 공개공지를 제대로 활용하지 않는 대표적인 염치없는 건물로 종각역에 위치한 '종로타워'를 꼽았다. 종로타워의 공개공지는 건물 뒤편에 자리 잡고 있다. 그래서 길을 오가는 보행자들이 쉽게 발견하기 어렵다. 실제로 가보니 종로타워 공개공지는 입주민들과 일부 보행

● 이경훈 저, 《못된 건축》, 푸른숲, 2014년.

네덜란드 건축집단 메카누에서 국내에 처음 선보인 프로젝트. 해머링 맨을 크게 돌아 흥국생명빌딩 앞을 흐르는 강처럼 설치한 벤치와 밤이 되면 숲 속 반딧불 같은 모습을 나타내는 조명은 도심 속 휴식 공간으로 일상의 여유를 선사한다. 뒤편으로는 중세 시대에서 현대로 시공간을 초월하여 달리는 듯한 인상을 주는 자비에 베이앙의 작품 〈마차La Carosse〉가 전시되어 있다.

자들이 흡연 장소로 사용되고 있었다. 대다수 시민들이 누릴 수 있는 휴식공간과는 거리가 멀어 보였다. 박철수 교수는 이에 대해 일침을 가했다. 도심에 있는 많은 건축물들이 공개공지를 마련하고 있지만 실제로는 시민들의 물리적 접근을 어렵게 해놓은 경우가 많다는 것이다. 그는 제대로 된 공개공지라면 시민들의 접근에 장애가 없어야 한다고 강조했다.

전통 방패연을 형상화한 사각 구장
상암동 서울월드컵경기장

2002년 6월. 그해 여름의 월드컵은 우리에게 강렬한 인상을 남겼다. 아시아 지역 국가로는 사상 첫 월드컵 4강에 진출했다는 사실도 우리를 감동시켰지만 그동안 남의 잔치 같았던 월드컵을 개최해 우리가 그 주인공이 됐다는 사실이 모두를 흥분케 만들었다. 수십만 명이 집결한 광화문 응원만큼이나 신나는 여름이었다. 이제 그날의 기억도 점점 희미해지고 있지만, 서울월드컵경기장은 그 여름의 뜨거웠던 열기를 아직도 안고 있는 듯하다.

위·· 하늘공원에서 내려다본 서울월드컵경기장 전경.
아래·· 서울월드컵경기장 야경.

축구도 할 수 있는 다목적 건축물

사실 상암경기장은 쉽게 다녀올 곳이 못된다. 서울 강남 쪽에서는 말할 것도 없고, 광화문에서 차를 타도 30분은 더 가야 한다. 특별한 행사가 있을 때 일부러 시간을 내야 찾아갈 수 있는 곳이다. 하지만 막상 길을 나서 경기장에 가까워지면 분위기가 전혀 다르다. 강변북로에서 경기장 쪽 진입구로 들어서면 '하늘공원'을 찾는 인파가 평일 오전인데도 줄지어 서 있다. 좀 더 들어가면 '평화의공원', '월드컵공원'이 있는데 여기에도 사람들이 적지 않다.

서울월드컵경기장 건물도 마찬가지다. 평일 오전에는 경기가 없어 적막하지만 내부 상업 공간에는 사람들이 몰려 있다. 안내판을 들여다보니 멀티플렉스 영화관과 푸드코트, 예식장, 문화센터, 수영장, 대형할인점, 쇼핑몰 등이 있다. 마치 백화점 위에 경기장을 얹어놓은 것 같다. 서울시 시설공단에 따르면 경기장 실내면적 16만6503제곱미터 중 상업시설 공간은 8만4260제곱미터로 절반이나 된다. 연간으로 따지면 상업시설을 찾는 유동인구가 더 많을 수밖에 없다.

설계자인 류춘수 이공건축 회장은 이곳을 "축구도 할 수 있는 다목적 건축물"이라고 말한다. 축구 전용 경기장이지만 설계 단계에서부터 월드컵 이후를 생각했다는 것이다. "세계 어느 곳을 가도 스포츠 경기장은 항상 적자 시설이죠. 국내 다른 경기장도 매달 수억 원씩 관리비가 나가는데 어쩔 수 없는 비용이라 생각합니다. 하지만 서울월드컵경기장은 2014년 192억 원의 수입을 올렸고, 고정비용을 빼도 91억 원을 순이익으로 남겼습니다. 경기는 많지 않지만 오페라와 공연, 각종 행사가 이어집니다. 이를 위해 남쪽 관람석 중 800여 석이 안으로 접혀 들어가 가변 무대를 설치할 수 있도록 설계했습니다.”

　월드컵이 스포츠 행사에 그치지 않고 경제·사회·외교 등 사회 전반에 긍정적인 효과를 불러일으키듯, 서울월드컵경기장도 인근 지역 경제를 견인했다. 공원과 문화시설, 쇼핑몰 등이 함께 모인 경기장은 주변 생활 여건을 한 단계 끌어올리고 지역 이미지도 쇄신했다. 과거 쓰레기 매립지였던 난지도 인근이라는 것은 그저 몇몇 지명에 남아 있는 정도다. 서울월드컵경기장은 잠실 종합운동장을 비롯해 어떤 스포츠 경기장보다 유동인구가 많다는 점 하나만으로도 충분히 존재 가치를 증명하고 있다.

경기장은 둥글다는 고정관념을 탈피한 사각 구장

잘 알려졌듯 서울월드컵경기장은 전통적인 방패연을 형상화한 건축물이다. 경기장을 위에서 내려다보면 커다란 사각 방패연 모습이다. 이는 승리를 향한 희망과 한국의 이미지와 문화 그리고 통일과 인류 평화에 대한 희망의 이미지를 표현한 것이다. 실제로 월드컵 개막식에서는 플라스틱 연에 풍선을 달아 하늘로 날려 보내는 퍼포먼스도 보여줬다.

　하지만 애초의 설계는 이와 달랐다. 어렵게 설계 용역을 따낸 류춘수 회장이 한 달여 동안 가다듬은 형태는 잠실 종합경기장 또는 여타 축구경기장과 같은 원형이었다. 세부 도면작업을 넘기고 프랑스 월드컵경기장을 보러 가던 비행기에서 그는 무심코 잡지를 폈다가 무릎을 쳤다. 첫 페이지를 가득 차지한 방패연 사진을 본 것이다. 케이블과 직물로 공간을 구성한 건축이 트레이드마크인 그에게 방패연은 그야말로 딱 들어맞는 이미지였다. 앉은자리에서 그는 바로 스케치를 했고, 파리에 도착하자마자 본사로 팩스를 넣었다.

"로마 콜로세움 이래 경기장은 다 둥글다는 고정관념이 있었죠. 서울월드컵경기장은 축구전용 경기장이므로 트랙 없이 사각으로 만들 수도 있었는데 습관적으로 둥글게 설계한 거죠. 경기장을 사각으로 설계하면 선수와 관객 사이가 훨씬 가까워지고 공사도 쉬워 공사 기간과 비용을 단축할 수 있었죠. 실제로 먼저 공사를 시작한 부산·대구 월드컵구장보다 공사가 더 빨리 끝났습니다."

그는 방패연을 형상화한 사각 구장 외에 자랑하고 싶은 곳이 또 있다. 남쪽 평화의공원에서 경기장으로 바로 연결되는 고가에 올라서면, 경기장 천장으로 요트의 돛을 연상시키는 기둥이 10여 개 솟아 있다. 바람

위·· 황포돛배를 형상화한 지붕은 햇빛을 가려주면서도 공기 순환을 원활하게 해준다. 또 사각으로 설계된 경기장은 관람객과 선수 사이를 훨씬 더 가깝게 느끼도록 해준다. 실제 관람석 중간 높이에서 내려다보면 선수의 표정이 보일 것 같다.
왼쪽·· 서울월드컵경기장은 위에서 내려다보면 전통 방패연을 형상화한 형태이지만, 경기장을 둘러싼 데크에서 지붕을 올려다보면 전통 한옥의 처마를 연상시킨다.
오른쪽·· 서울월드컵경기장 내 회의장 겸 행사장 공간. 국내산 대리석을 전통 한옥 마루처럼 깔고, 천장에도 기둥을 돌출시켰다.

을 가득 안은 황포돛배처럼 빳빳하게 당겨진 천(터프론 막)이 지붕을 덮고 있고 테두리는 전통 소반(팔각모반)을 닮았다. 네 모서리 쪽 아래에서 천장을 올려다보면 어디서 많이 본 듯한 풍경이 드러난다. 마치 한옥 툇마루에 앉아 처마를 쳐다보면 눈에 들어오는 풍경과 빼닮았다.

무심히 지나칠 수 있는 이 부분을 해외에서도 알아줬다. 월드컵이 한창이던 2002년 6월 일본 NHK에서는 바로 이 매력적인 건축물과 관련된 다큐멘터리를 내보냈다. 건축가의 고향인 경북 봉화의 한옥과 서울월드컵경기장을 나란히 비교하면서 한국적인 미감에 대해 살폈다. 이듬해에는 영국 축구전문지 〈월드사커World Soccer〉가 '세계에서 가장 멋진 10대 축구경기장'으로 서울월드컵경기장을 꼽았다. 함께 월드컵을 치른 일본 요코하마 국제종합경기장은 여기에 끼지 못했다. 서울월드컵경기장은 국제올림픽위원회IOC가 스포츠 건축 부문에 수여하는 IOC/IAKS건축상, 서울시건축상도 받았다.

류춘수 이공건축 회장
"한국은 건축물에 설계자 이름 한 줄 없는 나라"

서울월드컵경기장이 완공된 2001년 12월 중순 무렵 오픈 기념행사가 열렸다. 대통령이 축사를 하는 자리에 서울시장, 축구협회장, 건설사 사장과 함께 설계자인 류춘수 회장도 초대받았다. 설계자로서 이들과 나란히 그간의 노고에 대해 격려를 받는 것은 영광스러운 일이었지만, 자리가 끝 날 즈음엔 부끄러움을 떨칠 수 없었다.

류춘수 회장은 인터뷰에서 "서울시장과 축구협회장, 건설사 사장까지 한분 한분 거명하며 감사를 표했지만, 정작 건축물을 설계한 사람에 대해서는 일언반구 언급이 없었습니다. 서울월드컵경기장에는 히딩크 감독과 선수 동상까지 있지만, 설계자에 대해서는 이름 한 줄 남아 있지 않아요. 한국에서 건축가에 대한 인식이 이런 수준입니다. 예를 들어 돌아가신 박경리 선생이《토지》를 출간했을 때 출판사 사장에게 좋은 책을 만들어줘 감사하다고 했나요? 건축물에서 설계자와 시공사는 소설가와 출판사 관계와 같습니다"라고 말했다.

류춘수 회장은 서울시에 대해서도 섭섭함을 감추지 않았다. "공사가 진행되면서 서울시에서 먼저 설계 관련 자료를 모아 기념관을 만들겠다고 제의해왔어요. 그래서 스케치와 도면, 사진 등을 모두 넘겨줬는데 막상 준공되고 나니 소식이 없더군요. 궁금해서 시에 연락하니 모두 잃어버렸다고 합디다. 결국 한참 후에야 창고 어디선가 발견돼 모두 돌려받았지만 그걸로 또 끝이더군요."

특히 공공 부문 건축에서 정부 관료나 공무원, 비전문가의

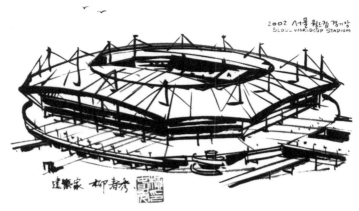

2002 서울 월드컵 경기장
SEOUL WORLDCUP STADIUM

建築家 柳春秀

설계자가 그린 서울월드컵경기장 스케치(위)와 실제 모습(아래).

간섭에 대해서는 더욱 목소리를 높였다. "설계하는 어려움이 49퍼센트 정도라면 이들 비전문가의 참견을 방어하는 데 51퍼센트의 노력이 필요할 정도입니다. 서울월드컵경기장도 한 전직 장관이 간섭하려는 걸 겨우 막았죠. 과거 지방 국악원 설계 때는 난데없이 빌딩 위에 기와지붕을 얹어달라는 걸 겨우 설득했습니다. '만약 제가 국악인 연주를 심사하면서 악기를 바꾸고 장단을 고치자고 하면 저더러 미쳤다고 하지 않겠습니까?'라는 말까지 했을 정도였습니다."

산을 뒤집은 파빌리온

송도 트라이볼

"파빌리온pavilion의 원래 의미는 온전한 건축물이 아닌 가설 건물이나 임시 구조체를 뜻하는 말이다. 영구적으로 지어진 것이 아니기 때문에 기능적으로 모호하고 용도가 변화무쌍한 건축물이다. (…) 파빌리온은 이렇게 먹고사는 문제를 떠나 인간으로서 다른 지평을 생각하는 마음에서 출발한다. 동물의 본능을 넘어선, 인간의 다양한 감정과 바람을 만족시키는 새로운 도구로서 파빌리온은 시작된 셈이다."●

2009년 인천 세계도시축전에 맞춰 상징 건축물로 설계됐던 송도 트라이볼은 대표적인 '파빌리온' 건축물이다. 비록 행사보다 한 해 늦

● 파레르곤 포럼 저, 《파빌리온, 도시에 감정을 채우다》, 홍시커뮤니케이션, 2015년.

위‥ 인천 송도 신도시 중심부 센트럴파크에 위치한 복합문화공간 '송도 트라이볼'. 물이 채워진 얕
은 수변 공간 위에 세 개의 원뿔을 뒤집어 붙인 듯한 독특한 외관을 보여주고 있다.
아래‥ 인천 송도 동북아무역센터에서 내려다본 송도센트럴공원 전경.

은 2010년에 완공됐지만 독특한 외관으로 큰 관심을 모으고 있다. 현재는 공연과 전시를 위한 복합문화 공간으로 운영되며 지역 명소로 자리 잡아가고 있다.

형태가 용도를 만든다

이른 봄 찾아간 인천 송도 신도시는 반듯하게 정비된 주택가와 업무·상업시설이 들어선 신도시처럼 보였지만 전체 면적 5330만 제곱미터의 절반가량이 터를 잡고 아직도 건물을 올리고 있는 공사판이기도 했다. 따뜻한 햇살 아래 간척지 특유의 강한 바닷바람이 몰아쳤고, 건축 모형처럼 단정하게 정돈된 거리 사이로 황무지처럼 황량한 공간이 나타났다. 그중 40만 제곱미터 면적에 해수를 끌어들여 1.6킬로미터의 수로를 조성한 중앙공원 송도센트럴파크가 단연 돋보였다. 일본 후쿠오카의 커낼시티를 벤치마킹해 유럽식 쇼핑몰 내부에 가로 540미터의 인공수로를 연결한 커낼워크 역시 이국적인 분위기를 자아냈다. 송도 트라이볼은 이 송도센트럴파크가 호수로 이어지는 길목에 있다.

　강한 개성을 뿜어내는 외관에서 이미 파빌리온 건축물의 분위기를 느낄 수 있었다. 물이 채워진 얕은 수변 공간 위에 세 개의 원뿔을 뒤집어 놓은 듯한 독특한 외관에서 이 건물의 실용적인 측면은 전혀 느껴지지 않았다. 설계자인 유걸 아이아크건축가들 공동대표는 트라이볼을 '산을 뒤집은 형태'로 설명했다. 그의 표현대로 익숙한 능선의 산을 통째로 땅에서 들어내 뒤집으면 트라이볼과 같은 모양이 나온다.

유걸 공동 대표는 건축가는 기능이 아니라 형태를 만드는 게 일이라고 말한다. "보통 흠잡을 데 없는 건물이란 최적화된 기능을 가진 건물이고, 이는 거주자의 삶과 생활이 변하는 순간 용도 폐기됩니다. 지속 가능하지 않은 것이죠. 하지만 형태가 우선이면 거주자가 여기서 무얼 할수 있을까 생각하게 됩니다. 거주자를 속박하지 않는 창의적인 형태를 고민하는 것이죠. 저는 좀 틀려도 개성 있는 건물을 만들고 싶습니다." 그의 작업은 용도가 아닌 형태를 우선시한다는 설명이다.

세 개의 다리로 연결된 수변 위 공연장

익숙한 건축 형태에서는 멀어진 셈이지만 현재 이 공간을 운영·기획하고 있는 인천문화재단은 예술 공연장이나 행사장으로서는 더없이 창의적인 공간이라고 평가한다. 2015년 여름 음악페스티벌 때는 물 위에 놓인 다리와 수변 공간을 활용한 야외 무용 공연을 했고 내부 공연장에서는 상설 뮤지컬 공연 〈비밥〉과 클래식 연주회가 이어졌다. 본격적으로 운영된 지 2년 만에 연간 300일 이상 행사가 진행되고 있으며 연간 4만 명에 달하는 관객들이 이곳을 찾는다. 무대를 설치하고 정비하는 기간을 감안하면 쉴 틈 없이 이용되는 셈이다.

송도 트라이볼은 수변 공간 위 세 개의 다리를 통해 건물로 들어오게 돼 있고 실내 공연장은 다양한 동선으로 연결된 중앙무대 앞에 원형

왼쪽·· 인천 송도 동북아무역센터에
서 내려다본 송도센트럴공원 전경.
위·· 송도 트라이볼은 최대 500명까
지 수용할 수 있는 공연장을 갖추고
있다.
아래·· 송도 트라이볼 내부 공연장
과 전시장을 잇는 공간.

경기장처럼 좌석이 계단식으로 배치돼 있다. 유걸 대표는 트라이볼은 기획자가 어떻게 활용하느냐에 따라 번뜩이는 아이디어가 살아나는 공간이라고 말했다.

350석에서 최대 500석까지 확장 가능한 메인 공연장은 아늑하면서도 소리의 울림이 좋았다. 철골 구조로 노출된 천장이 아쉬운 감이 있지만 무대와 객석이 가까워 소규모 공연이나 쇼케이스 공간으로 적합해 보였다. 관객 반응도 좋아서 제대로 된 홍보 없이도 매 공연 현장에서 전체 입장권의 3분의 1가량이 팔려나간다. 유걸 공동대표도 이 같은 성원에 큰 만족감을 표시했다. 그는 트라이볼이 기념비적인 역할은 할지 모르겠지만 과연 실용적으로 쓰일 수 있을까 의구심이 있었다고 한다. 하지만 어느 날 피아노 연주회를 보러 갔는데 연주자 앞으로 관객이 둘러앉은 느낌이 좋았다고 말했다.

3D 설계로 구현한 곡선 디자인

처음에는 낯선 외관에 놀라고, 내부로 들어가면 공연장으로서의 매력을 발견할 수 있는 트라이볼. 하지만 상부로 올라갈수록 넓어지는 역삼각형 구조에 외벽은 곡면으로 처리된 비정형적 디자인이다. 서울 동대문디자인플라자를 떠올리게 하는 송도 트라이볼은 3차원 설계 프로그램을 사용했다. 일반 건축물은 가로·세로·높이 세 축을 잡고 벽과 천장을 세우지만 자유곡면을 사용하면 매 지점의 축이 바뀐다. 송도 트라이볼은 시공사가 이 작업을 어려워해 결국 설계자가 콘크리트 형틀에서 내부 마감까지 모두 꼼꼼하게 설계를 해줘야 했다.

　유걸 공동대표는 앞으로는 시공사 중심이 아닌 설계자가 여러 전문 건설업체와 협업해 건축의 전 과정을 이끄는 시기가 올 것이라 예상한다. 대부분의 산업 분야에서 다품종 소량 생산이 가능해진 오늘날에는 건축가가 집을 구성하는 다양한 개별 유닛을 설계하고 전문업체가 자재를 공급하거나 조립해주는 형태로 작업을 한다는 것이다.

　그는 설계 도면과 건축 방법을 온라인으로 공개해 비전문가도 집을 지을 수 있도록 도움을 주는 '위키하우스'를 예로 들었다. "건설 자재는 3D 프린터로 인쇄하거나 합판으로 잘라 만듭니다. 기존 건축비용의 절반 정도면 비전문가도 얼마든지 집을 지을 수 있는 것이죠. 건축가가 건축물 외관 틀과 화장실·부엌·욕실 등 컴포넌트를 각각 설계하고 전문업체는 이를 생산·조립 서비스를 제공하는 플랫폼을 구상하고 있습니다."

유걸 아이아크건축가들 공동대표
"젊은 건축가들이여, 자신만의 건축을 하라"

"젊은 건축가들이 좀 더 자신감과 의욕을 갖고 자신만의 건축을 했으면 합니다. 기능적인 측면에 치중한 건축물보다 좋아하는 형태 하나를 만드는 게 낫죠. 남들과 같은 걸하려니 힘들어지는 겁니다."

송도 트라이볼을 설계한 유걸 공동대표는 조화보다 차별화를 강조한다. 주변 환경과의 맥락을 고려하지만, 익숙한 건축을 좋아하지 않는다. 주변과 잘 어울리기 위해 자기 색, 목소리가 없어지는 것을 경계한다. 비슷한 목소리로 훌륭한 조화를 이룬 합창단보다 각자의 소리가 살아 있는 합창이 더 생동감 넘치고 박력 있다는 의미다. 그래서인지 철저히 공동 작업일 수밖에 없는 건축 설계 과정에서도 역량을 갖춘 건축가 각각의 목소리를 중요하게 생각한다.

그가 젊은 건축가들에게 바라는 것은 도전정신이다. "저는 건축과 졸업생들에게 빨리 사무실을 차리고 집을 지으라고 충고합니다. 어중간한 설계사무소에 취직해 5~6년 일해봐야 기술은 계속 바뀌고 아무 의미가 없습니다. 예전에 김수근 선생님 밑에서 일할 때 '여기서 5년 일했는데 더 배울 게 있을까 싶어 계속 일하려 한다면 건축 그만둬야 한다'고 말씀하신 게 기억납니다."

유걸 공동대표는 자신감과 의욕을 갖고 하다못해 개집이라도 지으면서 생각하는 게 낫다고 말한다. 요즘은 인터넷에 자료가 널려 있다. 어떻게 조합할지만 고민하면 된다는 것이다. 그리고 건축 기술이 좋아져서 역량만 있다면 얼마든지 혼자서 할 수 있다고 강조했다.

공장도 아름다울 수 있다
한샘 시화공장

곳곳에 육면체의 반듯한 창고처럼 생긴 공장들이 도로 양옆에 길게 늘어선 경기 시흥시 시화공단. 조금은 휑하고 삭막하기도 한 무채색 분위기의 건물들 속에서 유독 눈에 띄는 건축물이 있다. 국내 1위 가구업체인 한샘 제3공장인 '한샘 시화공장'이 그 주인공이다. 1992년 제1회 한국건축문화대상의 대상을 수상했으며 수상 당시부터 화제가 됐던 건축물이다. 청와대 별관을 제치고 대상을 거머쥔 한샘 시화공장은 공장도 아름다울 수 있음을 보여준 한국 건축계의 파격적인 작품으로 평가받았다. 특히 이 건물은 20세기 한국 건축계를 대표하는 건축가 김석철 전 국가건축정책위원장의 작품으로 이제는 고인이 된 그의 건축 철학을 고스란히 반영한 수작으로도 꼽힌다.

25년 전 준공된 한샘 시화공장은 공장 설계의 파격적인 실험에 성공한 기념비적 작품이다. 바다에 떠 있는 배를 형상화해 미적 가치와 공간 효율성, 친환경 휴머니티라는 세 가지 가치를 동시에 충족시킨 건축물로 평가받고 있다.

한적한 교외에 자리한 고급 레스토랑 같은 공장

한샘 시화공장의 정문에서 건물을 바라보면 공장은 좌우 대칭의 모습이다. 건물 입구를 중심으로 양옆으로 1층 벽면의 절반 이상을 차지하는 둥근 창문이 일렬로 쭉 늘어서 있는 것이 인상적이다. 폭 36미터, 길이 220미터의 원통형 공장에 난 창은 커다란 여객선의 선체에 줄지어 뚫어놓은 객실의 둥근 창을 연상시킨다. 건물 상층부의 한샘 로고가 박힌 간판은 브리지bridge(선교)를 떠오르게 한다.

지은 지 25년 가까이 돼 지금은 색이 바랬지만 흰색과 분홍색의 외벽은 회색이나 진녹색 계열의 일반 공장들과는 전혀 다른 분위기를 연출한다. 시끄러운 기계소리와 가구를 싣느라 분주히 왔다 갔다 하는 트럭과 작업복 차림의 공장 직원들이 없다면 한적한 교외에 위치한 고급 레스토랑이라고 해도 믿을 정도다. 이런 미적 요소들이 한샘 시화공장을 '공장 같지 않은 공장'으로 부르는 이유가 됐을 것이다.

건물 로비에 들어설 때까지도 이곳이 가구 공장이라는 생각은 좀처럼 들지 않는다. 널찍한 로비를 마주하고 왼쪽은 사무직원들의 공간이 보이고 오른쪽은 생산라인이 있는 작업장으로 이어지는 문이 보인다. 왼쪽 한구석에는 나선형 계단이 있어 2층 사무공간으로 이어진다. 작업장은 보는 이를 다시 한 번 놀라게 한다. 이 건물이 단지 빼어난 미적 요소 때문에 좋은 평가를 받는 것이 아니라 자본주의의 상징인 '매뉴팩처manufacture(기계를 이용한 대량생산)' 공장이 가져야 할 작업의 효율성을 극대화하고 있음을 두 눈으로 확인할 수 있기 때문이다.

위‥ 한샘 시화공장 내부 모습. 공장 내부는 천장에 난 창과 벽면의 둥근 창을 통해 들어오는 빛을
이용해 자연 채광이 가능하도록 설계됐다.
아래‥ 길이 220미터, 폭 36미터의 공장 내부 공간은 두 개의 생산라인을 설치해 한쪽 끝에서 재료
를 투입하면 반대편 끝에서 제품이 생산될 수 있도록 하는 한편 충분한 작업 공간을 확보해 효율성
을 극대화하고 있다.

고故 김석철 교수는 건축주인 조창걸 한샘 명예회장에게 한샘 시화 공장을 지을 때 효율적이면서도 환경 친화적이고 미적으로 아름다운 공장을 설계해달라는 부탁을 받았다고 한다. 그래서 공장의 내부 공간은 기둥을 세우지 않는 '무주공간설계'를 적용해 활용성을 극대화하고 이를 통해 공장 전체를 작업라인으로 만들었다. 25년이 지난 지금도 공장 한쪽 끝에서 재료를 넣으면 성형-재단-가공-포장 등 네 가지 공정을 거쳐 반대편 끝에서 제품이 완성돼 나오는 생산라인이 그대로 유지되고 있을 정도로 공간 효율성이 높다. 한샘 관계자는 준공 당시에도 작업 공간이 넓어 불편함이 없었지만 지금은 공장이 더욱 자동화돼 준공 초기보다도 훨씬 여유롭게 공간을 사용하고 있다고 말했다.

미적 가치와 공간 효율성, 친환경 휴머니티 동시 만족

공장이 준공되기 한 해 전인 1991년은 낙동강 페놀 방류 사건이 일어나 환경문제가 사회적 이슈로 떠오른 던 때였다. 사회적으로 환경문제에 대한 관심이 커져갔지만 당시만 해도 친환경 건축물은 아직 사치스러운 또는 불필요한 건물로 받아들여지던 시절이었다. 하지만 한샘 시화공장은 현재의 기준으로 보더라도 완벽한 친환경 공장으로 건축됐다. 바람과 빛 그리고 재활용을 통해 조명과 실내 온도를 조절할 수 있다. 예를 들면 분진과 나뭇가루가 수도 없이 발생하는 가구공장의 특성상 가장 중요한 설비인 집진장비를 공장 윗부분 가운데로 설치해 내부에서 발생하는 오염

원을 모두 이곳으로 모여들게 했다. 그리고 여기로 모인 톱밥이나 나뭇가루를 태워 냉난방 에너지원으로 사용하도록 했다.

공장 내부를 밝히기 위한 인공조명 사용은 최대한 자제하도록 했다. 이를 위해 외벽의 절반을 차지하는 둥근 창으로 풍부한 빛이 들어오도록 하고 천장에는 아키라이트 천창을 둬 태양광으로 채광할 수 있도록 설계했다. 뜨거운 햇빛이 문제인 여름철에는 자동으로 천창을 열 수 있도록 했고 천을 창에 덧대어 뜨거운 열은 차단시켜 공장 내부의 온도를 조절하도록 했다. 겨울철에는 그 자체로 온도 유지를 할 수 있도록 했다.

한샘 시화공장은 준공된 지 20여 년이 넘었지만 여전히 국내외 건축가들로부터 미적 가치와 공간 효율성, 친환경 휴머니티를 동시에 만족하게 한 건축물로 인정받고 있다. 지금도 수많은 대학의 건축학도와 국내외 기업들이 한샘 시화공장을 견학하기 위해 방문하고 있다. 국내 건축사에 기념할 만한 수많은 작품들을 남긴 김석철 교수도 생전에 한샘 시화공장을 무척 자랑스러워했다고 전해진다. 그는 평소 한샘 시화공장에 대해, 건축가가 아닌 휴머니스트와 엔지니어로 설계했으며 인간 중심의 설계를 위해 신경을 많이 쓴 작품이라며 개인적으로도 가장 좋아하는 건축물이라고 평했다.

김석철 아키반건축도시연구원장

"예술의전당 설계한 저명 건축가이자 도시설계자"

한샘 시화공장 이외에도 김석철 교수가 설계를 맡은 건물
들 중에서는 우리에게 익숙한 건축물이 적지 않다. 가장 대
표적인 건축물은 서울 창덕궁 옆에 위치한 '한샘 DBEW
디자인센터'다. 한샘 시화공장과 마찬가지로 조창걸 한샘
명예회장이 김석철 교수에게 설계를 맡겼다. 고궁과 담을
마주한 곳이어서 기존 건물의 개축만 가능했지만 김 교수
는 발로 뛰어다니며 인허가를 따냈다.

한샘 DBEW 디자인센터는 조창걸 명예회장이 '동서양의
디자인을 넘어서Design Beyond East & West'라는 슬로건 아래
야심찬 의도로 만든 건물이다. 디자인센터의 외관 역시 한
옥과 현대적인 글라스하우스를 융합한 독특한 형태를 취
하고 있다. 이 건물의 전체적인 느낌은 한옥 같지만 전통가
옥의 요소는 그리 많지 않다. 그럼에도 창덕궁과 자연스럽
게 조화를 이루는 수작으로 평가되고 있다. 2005년에는 한
국건축문화대상에서 특선작으로 선정되는 영예도 안았다.

도산대로 인근에 우뚝 서 있는 씨네시티(현 청담CGV씨네
시티) 역시 김석철 교수의 작품이다. 협소한 부지에 여덟
개의 영화관이 들어선 씨네시티는 좁은 부지 탓에 설계가

매우 어려웠던 건축물이다. 유리벽으로 외벽을 마무리하는 커튼월 방식이 아닌 중국 흑수석을 사용해 마치 검은 슈트를 입은 건물처럼 깔끔하게 마무리했고 외부로 난 창을 최소화하고 원형 창을 사용해 사각형의 건물을 더욱 매력 있게 만든 것이 특징이다. 이외에도 국내 최초의 멀티플렉스 극장인 명보프라자와 올림픽가든타워, SBS탄현제작센터 등을 설계하면서 한국 건축계를 대표하는 건축가로 이름을 날렸다.

김석철 교수는 명성이 높은 건축가이면서 도시 계획에 더 많은 시간을 쏟은 도시설계자이기도 하다. 스승인 김수근 선생 밑에 있을 때는 여의도 마스터플랜을 도맡았고 이후 서울대 캠퍼스 마스터플랜과 경주보문단지 개발에도 참여했다. 그중에서도 가장 대표적인 작품은 서울 예술의전당이다.

회백색의 단아하고 각진 풍경
파주출판단지 화인링크

경기도 파주시 파주출판단지. 다양한 창의성을 요구하는 업무시설이 많은 곳인 만큼 개성 있는 건물들이 연이어 눈길을 끈다. 좁은 도로 양쪽으로 즐비한 건물 사이를 걷다 보면 회백색의 단아하고 각진 외관을 가진 건물이 시야에 들어온다. 파주출판단지 내에서도 가장 돋보이는 건물 중 하나인 '화인링크'가 그 주인공이다. 이 건물은 파주출판단지 내에서도 독특한 의미를 지닌 건물이다.

드라이비트를 사용해 음각과 양각의 대비를 극대화한 화인링크 전경.

큰 덩어리에서 작은 덩어리들을 덜어내는 방식

건축주인 광고디자인회사 ㈜화인링크는 건물 설계를 의뢰할 때 쾌적한 업무 환경을 조성해 직원들의 만족도를 높일 수 있는 건물로 만들어줄 것을 요구했다. 건물을 설계한 김수영 숨비건축사사무소 소장은 이를 위해 다양한 공간 구성을 꾀했다. 먼저 지하층은 주차장·기계실·전기실·창고로 두고 1층에는 로비·식당·공장·사무실을 배치했다. 2층은 사무 공간·강의실, 3층은 임원실·전시실·체력단련실·기숙사·샤워실 등으로 꾸몄다. 특히 3층은 다른 층에 비해 공용 공간을 많이 구성해 직원들의 휴식과 재충전이 가능하도록 만들었다. ㈜화인링크 상무이사는 광고디자인회사의 특성상 직원들이 창의적인 사고로 업무에 집중할 수 있도록 공간을 배치하는 게 중요하다고 생각해 강남에서 2014년 5월 파주로 사옥을 옮겼다고 말했다. 그는 직원들의 편의를 고려한 건물 설계가 이뤄진 덕분에 대부분의 직원들이 만족하고 있다고 덧붙였다.

건물 외부 설계도 소홀히 하지 않았다. 전체적인 건물 모양은 큰 덩어리에서 작은 덩어리들을 덜어내는 방식으로 완성했다. 움푹 파인 부분은 짙은 음영으로 표현하고 드러난 부분은 단아한 느낌을 주기 위해 외장재로 드라이비트를 사용했다. 파주의 날씨 변화를 고려했을 때 외단열이 갖는 기능적인 장점들도 고려한 선택이었다. 땅과 만나는 기단부는 유로폼 노출콘크리트를 썼다. 외장재와 다른 재료를 사용해 자칫 건조해 보일 수 있는 건축물에 생기를 불어넣기 위함이었다. 주 출입구에는 입구임을 강조하기 위해 유일하게 반짝이는 재료 아노다이징 알루미늄 패널을 사용했다. 직사광선이 없는 북쪽에는 개구부를 크게 둬 사무 공간에 일정한 양의 자연광이 들어올 수 있도록 구성했다.

자연광이 밝혀주는 다채로운 내부

화인링크 내부는 여느 건물들과는 다른 독특한 구성을 하고 있다. 먼저 움푹 파인 2.4미터의 주 출입구를 통해 안으로 들어오면 6.9미터 높이의 로비가 곧바로 방문객을 맞이하는데 낮은 입구와 높은 로비를 동시에 경험하면서 웅장함마저 느껴진다. 특이한 것은 내부를 밝히는 형광등을 쉽게 찾아볼 수 없다는 점이다. 1층과 2층, 3층까지 직원들이 근무하는 사무실을 제외하면 복도 등의 공용 공간에는 불이 꺼져 있다. 형광등이 꺼져 있지만 그 사실을 인식하는 직원들은 드물다. 자연광이 건물 내부 깊숙한 곳까지 들어와 불을 켠 상태와 크게 다를 바가 없기 때문이다.

직원들은 비가 오거나 날이 많이 흐린 경우를 제외하면 복도 불을 켜지 않아도 자연광이 워낙 잘 들어오기 때문에 불편함이 전혀 없다고 말한다. 뿐만 아니라 자연광이 난방 역할까지 해주면서 겨울에 따로 난방을 하지 않아도 따뜻함을 느낄 수 있다. 실제로 내부 곳곳에서 환기가 될 수 있도록 건물을 설계한 덕분에 냉난방 효율이 매우 좋은 편이다. 특히 천창의 개구부는 큰 역할을 한다. 여름에는 더운 공기를 빨아내 단면적으로 연결된 모든 층에 시원한 공기 흐름을 만들어주고 겨울에는 따뜻한 공기를 묶어둬 넓은 공간임에도 불구하고 냉난방의 효율을 높여준다. 단풍나

왼쪽·· 주 출입구를 나오자마자 마주치는 1층 로비. 높은 천장이 주는 웅장함이 느껴진다.
오른쪽·· 화인링크 3층 복도 모습. 형광등이 따로 없지만 자연광의 유입을 이끌어내 불을 켠 것보다
밝은 내부를 완성했다.
아래·· 3층은 일방향 슬래브 방식을 사용해 완성했다. 보들을 한 방향으로만 향하게 해 천장을 노출
시켰다.

무가 심어져 있는 사무 공간 내 중정을 만들 때도 빛의 유입과 환기를 고려했다.

　　김수영 소장은 화인링크 건물의 중정과 천창이 환기와 채광의 문제를 해결하고 쾌적한 공간을 만드는 데 중요한 역할을 했다고 말한다. 이로 인해 빛이 들기 힘든 곳에 자연광을 유입시키는 것은 물론 여름에는 시원하고 겨울에는 따뜻한 실내를 가능하게 해준 것이다.

다채로운 내부 공간으로 개성 만점, 출판단지에서도 돋보이는 건물

화인링크가 위치한 파주출판산업단지는 첨단정보산업단지로서 출판을 매개로 한 문화 중심 기지를 목표로 만들어진 곳이다. 출판인과 건축가가 의기투합해 만든 도시인 덕분에 방문객들이 마치 건축물 전시장에 온 듯한 착각을 불러일으킬 정도로 다양한 건물들이 눈에 띈다. 특이한 것은 이 다양한 건물들이 어느 정도의 외적 통일성을 갖추고 있다는 점이다. 파주출판단지 전체의 조형미를 완성하기 위해 건축가 승효상·민현식 등이 건축지침을 만들어 세부사항을 정한 덕분이다.

　　외적인 통일성이 있기 때문에 이 안에서 돋보이는 일은 사실 쉽지 않다. 화인링크는 건물 내부에서 그 해답을 찾았다. 회백색의 건물 외관은 자칫 밋밋해 보일 수 있지만 건물 내부 구성을 다채롭게 하면서 단지 내에서 주목을 받을 수 있었다. 단지 내 건물들과의 통일성을 헤치지 않으면서 독특한 개성을 뽐낼 수 있는 해법을 마련한 것이다. 덕분에 화인링크에는 견학을 위해 방문하는 사람들의 발길이 끊이지 않는다. 방문객들은 고등학생·대학생에서부터 건설업계 관련자들까지 다양한데 이들은 대부분 건물 외부보다 내부 구성에 많은 관심을 갖는다. 이곳에서 만난 한 직원은 "건물이 주목을 받으면서 좋은 공간에서 일하고 있다는 자긍심까지 생겨나는 것 같다"고 말했다.

김수영 숨비건축사사무소 소장
"외적 화려함보다 기능·채광·환기를 먼저 고민했다"

"합리성이 설계에서 가장 중요한 요소라고 생각합니다. 건축물은 외적 화려함 이전에 수많은 기능과 요구들을 안고 있습니다. 이것들을 해결하는 일련의 과정은 철저하게 합리성을 바탕에 두고 이뤄져야 합니다."

화인링크를 설계한 김수영 숨비건축사사무소 소장은 합리적인 설계를 무엇보다 중요하게 여긴다. 직원들의 업무 환경을 최우선으로 고려하고 건물의 채광과 환기에 역량을 쏟은 화인링크 설계 과정도 합리성을 중요하게 여기는 그의 가치가 반영된 결과물이다. 건축은 서로 다른 조건의 사물들이 조화롭게 기능할 수 있도록 각 사물들을 포용하고 연결하는 동시에 빛과 공간을 다루는 일이라고 말하는 그는, 건물을 구축하는 과정에서 건축가의 책임과 역할들을 어떻게 정의하고 해결해나갈 것인가가 가장 중요한 가치이고 나머지 디자인적 요소들은 그 뒤에 따라오는 것이라고 생각한다.

설계 과정에서 건축주인 ㈜화인링크의 요구를 최대한 받아들이려고 노력한 것도 합리성을 중시했기 때문이다. 김수영 소장은 요즘 진행되는 공공 프로젝트의 경우 실제 건물을 사용하는 사람과 운영자가 건축 과정에 직접 참여하는 경우가 있다면서 이런 과정들을 통해 건축가의 관념만 반영된 건물이 아니라 실제 사용자들이 필요한 요구들을 투영한 건축 설계가 가능하다고 말한다.

건물 외적인 아름다움도 중요하지만 사용하는 사람들의 편의성이 고려된 설계가 결과적으로 가치 있는 건물을 만들어낸다는 것이 그의 생각이다. 그는 단순히 건축물을 만드는 것에 가치를 두기보다는 그 건축물이 그 지역에서 어떤 역할을 하는지에 대한 인식이 중요하다고 강조하면서 하나의 건축물이 지어지면 사용자와 주변 사람들이 건물과 관련된 담론을 형성하고 참여할 수 있어야 지역사회와도 어우러질 수 있는 건물이 완성된다고 설명했다.

한국적 리트리트를 추구하다
청평 게스트하우스 리브델

스페인 카탈루냐 지방의 주도 바르셀로나에 위치한 '구엘공원'은 세계적인 건축가 안토니 가우디Antoni Gaudi가 설계한 건축물로 유명하다. 1900년에 건축을 시작한 구엘공원은 원래는 주택단지였다. 실제로 에우세비 구엘Eusebio Guell Bacicalu 백작의 저택도 구엘공원 안에 자리 잡고 있다. 가우디의 후원자였던 구엘 백작은 스페인 부유층을 위한 고급 주택을 만들고 싶었지만 구엘과 가우디의 꿈은 결국 실현되지 못했다. 그렇다고 해서 가우디의 건축물들이 사라진 것은 아니다. 이후 이 땅을 사들인 바르셀로나 시의회는 가우디의 건축물이 미완성인 채로 남아 있는 공간을 공원으로 탈바꿈시켰다. 구엘공원은 처음 계획과는 다른 모습으로 탄생됐지만 100여 년이 지난 지금까

북한강을 앞에 두고 있는 '게스트하우스 리브델' 전경. 필로티 구조와 같은 공간 활용을
통해 사람들에게 다양한 경험을 제공한다.

지도 카탈루냐인들뿐만 아니라 전 세계인들이 사랑하는 공간이 됐다. 가우디의 건축물이 지금까지 남아 있는 것은 스페인 사람들이 시대의 변화에 적응해나가는 탄력적인 모습을 보여줬기 때문이다.

건축가라면 누구나 자신의 건축물이 오래도록 보존되고 사람들로부터 사랑받기를 원할 것이다. 경기도 가평군 청평면 고성리에 위치한 '게스트하우스 리븐델'도 사람들에게 오래도록 쓰이고 그 가치를 인정받기를 원하는 설계자의 바람이 깃든 건축물이다.

주거 공간과 숙박 시설을 한 곳에 연출

게스트하우스 리븐델의 용도는 주택이자 숙박 시설이다. 애초에는 건축주가 가족들을 위한 주거 공간으로 설계를 의뢰했다. 하지만 설계자인 곽희수 이뎀도시건축 대표의 생각은 조금 달랐다. 주택으로만 용도를 한정할 경우 시간이 흐른 후 건축물의 쓰임새에 한계가 있을 것으로 보였기 때문이다. 곽희수 대표는 건축주가 설계를 의뢰할 당시에는 가족들이 많아 문제가 없었지만 가족의 규모가 작아질 때를 감안해 일부 공간을 방문객들을 위한 숙박시설로 활용할 것을 제안했고 그렇게 해서 '게스트하우스'라는 이름을 붙이게 됐다고 설명했다. 그 결과 탄생한 건물이 주거가 가능하면서 펜션 기능도 갖춘 게스트하우스 리븐델이다.

　　게스트하우스 리븐델의 외부 마감은 노출콘크리트로 돼 있다. 노출콘크리트는 곽희수 대표가 설계하는 건축물의 주재료다. 그가 노출콘크

위·· 필로티는 현관과 차양의 기능을 통합하고 다양한 장소성을 구현한다.
왼쪽·· 실타래처럼 풀어진 계단과 긴 복도는 실내 산책 공간처럼 느껴진다.
오른쪽·· 상부 손님방과 하부 멀티룸은 주인과 손님의 친밀한 관계를 보여준다.

리트를 선호하는 것은 재료의 성질이 건축물의 다양한 가능성을 열어준다고 믿기 때문이다. 건축물이라는 덩어리 자체는 변하지 않는 형태를 의미하는데 노출콘크리트라는 재료가 중성적이면서도 주형이 가능한 유연한 재료라서 주변의 변화가 생기면 조형의 느낌을 바꿔주는 등 주변 환경과 친화력이 매우 좋다는 것이다. 그의 말대로 가평의 자연 속에 녹아든 게스트하우스 리븐델은 계절의 변화에 따라 각기 다른 매력을 발산하고 있다.

때로 화려한 주택에 살고 싶은 인간 욕망 충족시켜

곽희수 대표는 고소영·원빈 등 유명 연예인들의 건축물을 설계한 건축가로도 유명하다. 그는 스스로 자신을 가리켜 "건축주에게 돈을 벌어다주는 설계자"라고 표현하기도 한다. 언뜻 보면 게스트하우스 리븐델도 돈 많은 건축주의 개인적인 욕망을 구현하는 데 충실한 건축물로 보일 수 있다. 건축주가 직접 지은 이름 '리븐델'은 영화 〈반지의 제왕〉에서 요정들이 사는 아름다운 마을 이름이다. 게스트하우스 리븐델을 특별한 공간으로 만들고 싶은 건축주의 염원이 느껴진다.

곽희수 대표는 게스트하우스 리븐델이 사적 전유물로만 활용되기를 원하지 않았다. 그는 게스트하우스 리븐델이 평범한 사람들이 일상에서 경험할 수 없는 특별한 하루를 보내는 데 도움이 되기를 바랐다. 갈수록 주거비용에 대한 부담이 높아지면서 최소 주택, 비용이 적게 드는 컨테이너 주택에 대한 이야기들이 많이 나오고 있는 현실 속에서 평범한 직장인들의 부담을 덜어줄 수 있는 공공주택 공급도 필요하지만 리브델이 때로 화려한 주택에 살고 싶은 사람들의 욕구를 채워주면 좋겠다고 생각한 것이다. 그의 말대로 공공적 성격에서 보면 게스트하우스 리브델은 돈 있는 사람이 좋은 땅에 좋은 건물을 지어 일반인들에게 빌려주고 이를 통해 새로운 공간과 라이프스타일을 경험하게 해준다는 의미가 있다. 결국 리브델은 자본으로 누릴 수 있는 풍부한 공간을 일반인들도 공유할 수 있도록 상생의 건축을 추구한 셈이다.

무한대로 변형되는 공간이 다양한 경험 제공

게스트하우스 리브델에서 가장 먼저 눈에 들어오는 것은 공중으로 툭 튀어나온 '필로티 구조(건축물 하단부를 기둥만 세우고 비워둔 구조)'다. 이로 인해 1층의 비어 있는 공간은 그 자체로 사람들의 상상력을 자극하는 등 다양한 가능성을 품게 된다. 필로티 구조는 곽희수 대표 건축물의 가장 큰 특징이기도 하다. 필로티 구조로 게스트하우스 리브델은 한눈에 봐도 네모반듯한 재미없는 건축물과는 다른 느낌을 준다. 필로티를 포함해 건축물 곳곳에는 '공간space'을 재해석하려 노력한 흔적들이 눈에 띈다. 곽희수 대표는 이 같은 건축물의 특징을 '공간의 트랜스포밍transforming'이라 표현한다.

　　그렇다고 해서 곽희수 대표가 사람들에게 공간을 해석하고 이해하는 특정한 방법을 지시하는 것은 아니다. 오히려 그는 게스트하우스 리븐 델의 다양한 열린 공간에서 사람들이 자신만의 시나리오를 써내려가기 를 원한다. 아파트 같은 건축물들이 사용자들에게 남향을 보도록 강제하 는 등 지시하려는 특징을 가진 반면 게스트하우스 리븐델은 사용자가 주 체적으로 공간을 해석하고 활용하도록 돼 있어 이를 통해 각자가 생각하 는 장소성을 부여할 수 있다는 것이 특징이라는 설명이다.

곽희수 이뎀도시건축 대표
"휴식을 선사하는 건축물을 찾아나서다"

곽희수 대표는 자신만의 색깔이 뚜렷한 인물이다. 이는 그 가 걸어온 이력과도 무관하지 않다. 그는 학부를 졸업한 후 한 대형 건축사무소에서 3년간 일한 후 바로 자신의 사무 실을 차렸다. 대형 건축사무소의 관습적이고 반복되는 업 무에 지루함을 느꼈기 때문이다. 일찍부터 자신만의 스타 일을 갖고 싶어 했던 그는 지금까지 '필로티'와 '노출콘크 리트'를 통해 독창적인 색깔을 뚜렷하게 정립시켜왔다.

특히 자신이 선호하는 필로티에 대해 한국 전통 건축물의 특징을 계승하는 측면이 있다고 설명했다. 그는 서양 건축 물들의 경우 모든 요소들을 세분화하는 반면 한국 전통 건축물은 통합이 특징이라며 필로티는 햇빛을 막아주는 그늘이 되기도 하고 비를 피할 수 있는 처마도 될 수 있기 때문에 기능적인 측면에서 보면 한국 전통 건축물과 유사하다고 말한다.

최근에는 여기서 한발 더 나아가 새로운 시도를 하고 있다. 그는 자신이 앞으로 추구해야 할 방향성을 한국적 '리트리트retreat'라고 표현했다. 리트리트는 '피정避靜', 즉 일상에서 벗어나 휴식을 취하는 것을 의미한다. 그는 한국에는 한국인들에게 맞는 리트리트 공간이 부족하다고 진단하고 있다. "아무리 비싼 해외 명품이라도 한국인에게 맞지 않으면 불편한 것처럼 펜션과 같은 리트리트 공간도 마찬가지입니다. 현재 국내에는 이 같은 공간이 부족하기 때문에 앞으로 한국인들에 맞는 한국적 리트리트 공간을 보여주겠습니다."

3장

재생의
미학을
실천하다

경계를 없앤 '도시의 방'
서천 봄의 마을

충남 서천군청 인근의 중심상업지역에 가면 1~3층짜리 낡은 저층 상가 건물이 몰려 있는 곳 한가운데 매우 도시적인 광장과 건물 다섯 개 동이 들어서 있다. 회색빛의 콘크리트와 반짝이는 넓은 창이 조화를 이루며 독특한 모습을 하고 있는 이 건물들은 주변의 성냥갑 모양의 상가 점포들과는 대조적으로 이질적인 풍경을 연출하고 있다.

이 기묘한 건물들이 서 있는 공간의 이름은 '봄의 마을'이다. 2004년 서천 중앙시장이 이전된 후 4년가량 방치된 땅에 서천군청과 지역주민이 광장·문화센터 등을 새롭게 조성하며 붙인 이름이다. '텅 빈 거리에서 겨우내 어깨를 움츠렸던 이들이 따뜻함과 북적거림을 찾기 위해 오고 싶은 곳'이라는 뜻이다.

여성과 아동, 청소년을 위한 복지 시설로 서천군청과 지역 주민이 합심하여 조성한 봄의 마을. 종합
문화센터(왼쪽)와 여성문화센터(오른쪽)에 창을 충분히 배치해 실내에 채광이 풍부하고 포근한 느낌
을 준다.

바닥부터 벽까지 통일된 공간으로 조성

'봄의 마을'은 오랜 세월 서천군의 중심을 지키고 있던 시장 자리에 조성
됐다. 서천군 내 어디에서 출발해도 가장 접근이 쉬운 곳이다. 언제부터
인가 "시내에서 만나자"는 지역 주민들의 약속은 "봄말(봄의 마을)에서 만
나자"는 말로 바뀌었다.

봄의 마을 광장에 첫발을 내디뎠을 때의 첫 느낌은 '개방'이었다. 이
광장은 다섯 개의 건물이 감싸고 있는 구조인데 사방이 트여 있다. 출입
을 제한하는 문이나 야트막한 경계조차도 찾아볼 수 없다. 축구장 절반
크기(3604제곱미터)의 대지에 콘크리트 건물이 다섯 동이나 들어서 있지
만 답답함이 느껴지지 않는다. 교복을 입은 학생들과 어르신들이 남쪽에
서든 북쪽에서든 자유롭게 출입한다. 또 다른 특징은 광장 바닥에 사용한
노출콘크리트가 건물에도 그대로 적용돼 있다는 것이다. 같은 재질을 사
용한 덕분에 광장과 건물의 일체감이 돋보였고 광장 본래 크기보다 더 넓
어 보이는 효과를 얻었다.

봄의 마을 공동 설계자인 윤희진 경기대 건축학과 교수는 '도시의
방'이라는 개념을 구현하기 위해 바닥에서부터 벽까지 통일된 공간으로
조성하고자 했고 침수 등 기능적으로 문제가 없는 한 광장의 바닥과 건물
1층 입구의 높이를 같게 함으로써 소통의 경계를 없애는 데도 중점을 뒀
다고 말했다.

서천군은 노후한 시장을 다른 지역으로 옮기고 빈자리에 문화복지시설을 지어 원도심 공동화 문제를 해결했다. 서천 시장의 현재 모습과 과거 모습.

도시 재생으로 구도심 공동화 문제 해결

경계를 없앤 '봄의 마을'은 건축 이상의 의미를 지니고 있다. 구도심 공동화 문제를 해결한 '도시 재생'을 시도했다는 점이다. 우선 광장 안쪽으로 깊숙이 걸어 들어가면 봄의 마을 핵심 시설인 4층 규모의 여성문화센터·청소년문화센터·종합문화센터와 2층 규모의 일자리종합센터·임대상가가 자리 잡고 있다. 문화센터의 경우 대도시 생활에 익숙해진 이들에게는 당연해 보이는 시설이다. 하지만 서천군에서 문화복지 시설을 시내 중심에 세우는 것은 자칫 위험할 수도 있는 실험이었다. 농·어업이 경제활동의 주를 이루며 지역 성장동력이 부족했기 때문에 산업화를 위한 시설이 우선이라는 의견도 많았다.

하지만 당시 '봄의 마을'에 찬성했던 공무원들과 지역 주민들은 도시 발전이 반드시 산업화로만 가능한 것이 아니라는 판단을 했다. 오히려 문화·교육의 중심지를 만드는 것이 서천군만의 경쟁력을 갖추는 일이라고 생각했다. '봄의 마을' 조성 당시 광장으로 두지 말고 대형 상업시설을 지어 분양하거나 주차장으로 활용해 수익성을 높이자는 의견들도 있었지만, 빈 공간에 주민들과 문화·예술이 채워지면서 오히려 돈으로 셀 수 없는 무형의 가치가 봄의 마을에서 창출되고 있다.

현재 이곳에는 깨알장터, 청소년 도전 골든벨, 자원봉사대축제 등 소규모 행사에서부터 서천복지박람회·문화의 달 행사 등 대규모 행사가 열리고 있다. 일종의 문화 복지공간으로 탈바꿈하면서 서천의 명소가 된 것이다. 서천군에 따르면 2013년 서천군 지명 탄생 600주년을 기념하는 행사에 서천군민(5만7000여 명)의 절반이 넘는 3만5000여 명이 몰려 축제를 즐겼다. 봄의 마을이 완공된 2012년부터 지난해 말까지 광장에서 열린 행사에 참여한 인원도 8만여 명에 달할 정도라고 한다.

문화와 교육의 꿈을 심어주는 공간

'봄의 마을'은 마을 공동체뿐 아니라 지역사회도 변화시키고 있다. 문화와 교육의 꿈을 심어주는 공간으로 커나가고 있기 때문이다. 여성문화센터에서는 농사일, 집안일, 자녀 뒷바라지 등으로 마음껏 배우지 못하고 놀아보지 못한 여성들을 서예, 요가, 다이어트 댄스, 바이올린 등의 프로그램에 참여시키고 있다.

청소년문화센터의 옥상 일부는 댄스 연습장으로 활용되고 있다. 건물 통로와 교실 벽은 아이들의 도화지로 활용되고 있다. 아기자기한 그림들을 그려 넣고 미래의 꿈을 적은 카드를 붙여놓은 모습이 정겨웠다. 아이들이 방과 후 갈 곳이 없어 방황하는 상황이었는데 이제는 함께 모여서 어울릴 수 있는 공간이 생긴 것이다. 평일이면 140여 명, 주말에는 200여 명가량의 학생들이 방문해 놀이를 통해 꿈을 키워나가고 있다. 종합문화센터의 1층 로비는 지역 주민들의 만남의 장소나 다름없다. 2층 높이까지 이어진 계단식 마룻바닥에는 아이들이 옹기종기 모여 수다를 떨고 별도로 마련된 테이블에 앉은 연인들은 책을 읽는다. 지역 주민들에게 '봄의 마을'은 건축 이상의 의미로 다가가고 있는 것이다.

윤희진 경기대 건축학과 교수

"건축의 결과물뿐 아니라 과정에도 주목하라"

'봄의 마을'은 완공되기까지 험난한 과정을 거쳐야 했다. 서천에서 가장 번화하고 땅값 역시 가장 비싼 곳에 광장과 문화복지시설을 짓는다는 소식에 반대하는 주민들이 많았다. 2004년 서천군은 중앙시장을 다른 곳으로 이전시켰다. 시설이 노후화하면서 슬럼화까지 우려되자 도시 정비 차원에서 이주 선택을 한 것이다. 하지만 시장을 이전시킨 뒤 4년가량 땅이 방치되면서 구도심 공동화 문제가 발생했다. 빈 공터에 채워 넣을 마땅한 콘텐츠를 찾지 못했던 탓이다. 이에 대응해 서천군은 '문화·복지 콤플렉스' 안을 발표했지만 상권 회복이 절실했던 상인들은 반대의 목소리를 높였다.

좀처럼 타협점을 찾지 못하던 서천군은 변화의 동력을 찾게 됐다. 서천군의 계획이 2006년 문화관광부의 '농어촌생활공간 문화적 개선사업' 공모에 선정되며 계획비를 지원받게 된 것이다. 이에 고무된 서천군은 주민들과의 대화에 나섰다. 하지만 문화복지시설이 생소했던 주민들에게 이 시설의 필요성을 설득하기란 쉽지 않았다. 결국 끊임없는 대화의 노력으로 주민들의 동의를 얻어 추진협의회를 구성할 수 있었다.

겨우 추진협의회가 운영됐지만 이번에는 토지 보상 문제가 발목을 잡았다. 옛 시장 부지 일부와 개발지역에 포함되는 인근 토지에 대한 보상 과정에서 갈등이 생긴 것이다. 이와 같은 우여곡절 끝에 봄의 마을은 옛 시장이 폐쇄된 후 8년여 만에 탄생할 수 있었다.

봄의 마을 공동 설계자였던 윤희진 교수는 후배 건축사들이 건축의 결과물뿐만 아니라 건축 과정에도 주목하길 바란다. 봄의 마을이 세워지기까지 수많은 사람들이 토론하며 양보해나가는 과정에서 건축물의 기능과 공간에 대한 배려가 커졌기 때문이다. 윤희진 교수는 "봄의 마을이라는 건축물에서 주민에게 필요한 공공시설을 짓는 과정에서의 어려움과 극복 과정 등의 교훈을 배울 수 있어야 한다"면서 "건축 과정의 교훈을 다른 건축에 반영할 수 있도록 제도적 장치의 도입도 필요하다"고 강조했다.

봄의 마을은 2012년 한국건축문화대상 사회공공 부문 대상을 수상했다.

문화 플랫폼으로 부활하다
인천 한국근대문학관

인천은 1883년 해외 열강에 의해 강제로 개방된 개항장이다. 개항의 역사를 간직한 인천에는 100년을 훌쩍 넘은 근대 건축물들이 잘 보존돼 있다. 붉은 벽돌에 삼각형 지붕을 한 창고 건물도 그중 하나다. 지하철 1호선 인천역에서 중부경찰서 방면으로 도보 5분 거리에 있는 '한국근대문학관'의 외관은 영락없는 창고 건물이다.

2013년에 개관한 한국근대문학관은 1880년대 개항기부터 1950년 6·25 전쟁 발발 이전까지 한국 근대문학 자료를 전시하는 국내 최초의 공공종합 문학관이다. 이 건물이 인천에 자리 잡은 것은 인천의 상징성에 주목했기 때문이다. 개항과 함께 서구 문물이 쏟아져 들어온 인천은 곳곳에 한국 근대성의 자취를 내포하고 있다. 여기에 국내

1892~1941년에 지어진 창고 건물 네 동을 직육면체 유리 통로로 연결한 한국근대문학관의 모습.

외 노동자들이 일감을 찾아 몰려들면서 인천은 근대문학 작품의 중요한 배경이자 무대가 됐다.

여섯 명의 작가와 전시회 열며 공간 해석 고민

한국근대문학관을 이루는 네 개의 창고 건물 중 기획전시실로 쓰이는 건물은 개항 초기인 1892년에 지어졌다. 지금으로부터 무려 123년 전이다. 그 옆 상설전시실 건물 두 동도 1934년 이전과 1941년에 건립됐으며 각각 쌀 창고와 김치공장 등으로 활용됐다.

건물을 설계한 황순우 건축사사무소 바인 대표(인하대 건축학과 겸임교수)는 2010년부터 여섯 명의 작가와 함께 이들 창고에서 전시회를 열며 건물을 읽고 공간을 해석했다. 고민 끝에 황순우 대표가 내린 결론은 건물이 변화된 과정과 건물 속 근로자들의 삶의 양식을 있는 그대로 보여주자는 것이었다. 그래서 창고의 특성을 보여주는 트러스(삼각형 지붕구조)와 붉은 벽돌벽, 철로 만든 문과 창을 그대로 보존했다. 100년 넘은 세월의 흔적도 고스란히 남겼다. 건물 외벽에는 트럭에 긁힌 물결 모양의 자국이 뚜렷이 남아 있다. 내벽에는 비를 막기 위해 '모르타르(시멘트와 모래를 물로 반죽한 것)'를 덧칠했는데 그 위로 빗물이 흘러내린 흔적이 생생하다. 건물 내벽에 구조 보강을 위해 세운 목재도 그대로 노출돼 있다.

건물 용도에 따라 창문을 폐쇄하거나 새로운 창문을 낸 흔적도 보인다. 황순우 대표는, 120년이 지나도 끄떡없는 트러스에서는 견고함을,

모르타르 속에 숨겨진 벽돌에서는 온기를, 창문 너머로 보이는 석축의 이끼에서는 생명의 위대함을, 구멍 뚫린 지붕에서 쏟아지는 햇살에서는 신비로움을 느꼈다며 건축 당시를 회고했다. 작업 과정에서 해체한 벽돌과 목재는 다시 보수해 건축 재료로 재활용했다.

견뎌온 세월만큼의 시간을 더 견딜 수 있는 건물

한국근대문학관은 단순히 예전의 창고 건물을 원형 그대로 보존하는 데 그치지 않았다. 기존 건물의 단점을 극복하고 공간 활용도를 높이기 위해 현대식 공법과 재료를 활용했다. 기존 창고 건물은 뒤편이 석축(돌로 쌓은 옹벽)과 접해 있어 내부에 습기가 많다는 문제가 있었다. 또 창고 건물의 특성상 창문이 작아 실내가 매우 어두웠다. 이처럼 건물에 가장 필요한 바람과 햇빛을 끌어들이기 위해 황순우 대표는 각각의 창고 건물을 직육면체 모양의 유리 통로로 연결했다.

유리 직육면체는 건물 안으로 빛과 바람이 들어오는 통로이자 네 개 창고의 동선을 연결하는 순환 통로 역할을 한다. 또 전시공간을 늘리기 위해 층고를 확보하고 2층 공간을 새로 만들었다. 1층의 어두운 전시공간과 햇살이 내리쬐는 2층의 유리 통로는 극명한 대조를 이룬다. 거대한 유리 직육면체가 주변 환경과 조화를 이루도록 직육면체의 바깥쪽으로 네 개의 창고 형태를 덧대 공간을 잘게 나눈 배려도 느껴진다.

유리 직육면체에 건물을 덧대며 생긴 다락방 같은 공간은 햇살이

왼쪽‥ 네 개의 창고 건물을 이어주는 유리 통로로 햇살이 비추고 있다.
위‥ 내벽에는 모르타르를 덧칠하고 빗물이 흘러내린 자국이 고스란히 남아 있다.
아래‥ 유리 통로 바깥쪽으로 창고 형태를 덧대며 생긴 공간에 들어선 북코너.

비치는 북코너로 만들었다. 또 새로 확장한 부분의 외벽에는 붉게 부식된 강판을 사용해 오래된 붉은 벽돌과 동질감이 느껴지도록 했다. 황순우 대표는 노후한 벽의 무게를 덜기 위해 한 자나 되는 지붕의 흙을 걷어내고 건물 속으로 안 보이게 철골 기둥을 세우는 등 구조를 보강하며 내진·내화구조를 구축해 120년을 견뎌온 건물이 앞으로 120년을 더 견딜 수 있도록 했다고 설명했다.

문화를 통해 낙후된 도시를 재생하다

한국근대문학관은 나 홀로 동떨어진 건물이 아니다. 문학관 바로 옆에는 옛 일본우선주식회사를 비롯한 근대 개항기 건물과 1930~40년대에 지어진 건축물을 리모델링해 창작스튜디오·공방·전시장·공연장 등 13개 동 규모로 조성한 '인천아트플랫폼'이 있다. 예술가들이 6개월에서 1년 가량 직접 거주하며 창작활동에 전념하고 작품을 전시하기도 하는 공간이다.

한국근대문학관에 앞서 2009년에 문을 연 인천아트플랫폼 역시 인천시 도시재생특보를 맡고 있는 황순우 대표가 설계했다. 두 공간 모두 문화를 통해 도시를 재창조하는 작업의 일환이다. 특히 인천아트플랫폼의 경우 이곳을 거쳐가는 예술가들이 도시를 바꾸는 핵심 요소라는 점이 특징이다. 황순우 대표는 130년 된 개항의 역사에도 불구하고 1985년 인천시청이 이전한 뒤 슬럼화가 진행된 이 지역을 플랫폼을 통해 재생시키

한국근대문학관 바로 옆에 있는 인천아트플랫폼 전경. 인천아트플랫폼은 근대 건축물 13개 동을
창작 스튜디오·공방·전시장 등으로 리모델링한 복합 문화예술 공간이다.

고 활성화하려는 계획을 세웠다고 말했다. 인천아트플랫폼이 시각예술 플랫폼이라면 한국근대문학관은 인문학 플랫폼의 개념이라는 설명도 덧붙였다.

문화를 통한 도시 재생의 효과는 서서히 나타나고 있다. 당장 한국 근대문학관 바로 앞에 옛 창고 건물을 리모델링한 갤러리가 들어섰고 그 옆 건물도 갤러리로 개조하는 작업이 한창이다. 과거 서구 문물이 쏟아져 들어왔던 인천 개항장은 이제 새로운 문화를 주변으로 전파하는 플랫폼으로의 변신을 꾀하고 있다.

황순우 건축사사무소 바인 대표

"도시는 우리 몸과 같은 유기체다"

황순우 대표가 한국근대문학관과 인천아트플랫폼 등 인천 개항장 지역의 도시 재생 사업에 대한 정책 제안을 한 것은 지금으로부터 17년 전인 1998년이다. 이 사업에 대한 논의는 1996년부터 시작됐다. 문화 창조를 통한 이 지역의 도시 재생 효과는 현재 서서히 나타나고 있다.

황순우 대표는 도시 재생을 설명할 때 '10＋10' 개념을 강조한다. '10년 정도에 걸쳐 새로운 도시를 만들고, 이후 도시가 운영되고 정착하는 데 추가로 10년 정도 걸린다는 것'이 이 개념의 핵심이다. 60~70년에 걸쳐 노후화하고 슬럼화된 도시를 재생하려면 이 정도의 긴 시간이 필요하다는 설명이다. 하지만 우리나라의 도시 재생 현주소는 이와 다르다. 그는 "도시 재생과 관련해 정부는 선도사업을 정하고 사업 목표에 따라 3~5년의 짧은 기간에 성과를 내려다 보니 성급하게 건물을 헐고 새 건물을 지으면서 많은 오류와 부작용을 낳고 있다"고 말한다. 이 과정에서 기존 도시의 공동체와 문화·생태계에 대한 고민 없이 땅값을 올리고 관광상품을 만들려는 보여주기식 작업만 난무한다는 지적이다.

황순우 대표는 도시 재생을 위한 자금은 오랜 기간 조금씩 투입되는 게 바람직하다고 말한다. 단기간에 막대한 자금이 투입되면 지역 공동체가 분열되고 사업이 망하는 경우가 많아 도시 재생 관련 기금을 만들거나 특별 회계를 통해 자금을 지속적으로 집행하는 게 중요하다는 설명이다.

주민들의 자발적 참여 역시 성공적인 도시 재생을 위한 필수 요소라고 강조한다. 황순우 대표는 "도시는 우리 몸과 같은 유기체"라서 "좋은 의사라면 환자가 재활에 대한 의지를 갖고 스스로 노력하면서 고통을 이겨내도록 이끌어야 한다"고 설명했다. 그는 주민 참여를 통한 바람직한 도시 재생의 사례로 인천 신포시장을 꼽았다. 신포시장은 상

인들이 자발적으로 시설 보수 및 상품 개발에 꾸준히 나선
결과 현재 인천을 대표하는 관광명소로 자리를 잡았지만
인근 동인천의 한 시장은 상인들이 재개발만 요구하면서
아무런 노력을 하지 않아 빈 점포가 즐비하다는 것이다.

화성 소다미술관

서울 잠실에서 차를 타고 한 시간 정도 가면 소다미술관이 위치한 화성시 안녕동에 도착한다. 소다미술관은 주택가도, 도심도 아닌 애매한 곳에 위치해 있다. 논 한가운데에 위치해 있다 해도 과언이 아니다. 과연 사람들이 찾아올 수 있을까 하는 의구심마저 들게 된다. 그러나 미술관 입구에 도착하자 자유롭게 뛰어노는 아이들과 그 아이들을 흐뭇하게 바라보는 부모들이 보였다. 특이한 구조의 미술관은 활기차게 운영되고 있었다.

화성시 최초의 미술관이자 문화를 활용한 도시 재생 모델로 주목을 받고 있는 소다미술관 전경. 옛
날 건물을 허물지 않고 찜질방의 특성을 살려 미술관으로 지은 것이 특징이다.

소다미술관은 기존의 건물들과 구조부터 차별화됐다. 공사가 진행되던 건물의 뼈대를 그대로 살려 미술관으로 만들었기 때문에 가능한 일이었다.

불량배들의 아지트에서 활기 넘치는 미술관으로

2007년, 지금의 소다미술관 부지를 사들인 건축주는 원래 찜질방을 지으려 했다. 하지만 2009년 공사를 시작한 지 1년도 지나지 않아 1층 철근 콘크리트 벽체와 천장 구조까지 마무리한 상황에서 이 계획이 중단됐다. 소비 트렌드의 변화와 입지 조건으로 준공 후 운영을 해도 사업성이 없다고 판단했기 때문이다. 그 후 4년간 이 땅은 방치된 채로 버려져 있었다. 건물 바깥으로 잡초가 허리까지 자랐고 불법으로 폐기된 쓰레기들이 넘쳐났다. 공사가 중단된 후 슬럼화가 진행되면서 사람들이 찾지 않자 동네 불량배들의 아지트로 변해갔다.

결국 건축주는 2013년 권순엽 CINK건축설계사무소 대표를 찾아 건물 리모델링을 의뢰했다. 권순엽 대표는 슬럼화된 부지를 살리기 위해서는 사람들을 유입할 수 있는 건물이 필요하다고 판단했고 그 선택이 예술과 문화를 복합적으로 다루는 미술관이었다. 건축주도 버려지다시피 한 이곳을 지역사회에 기여할 수 있는 공간으로 만들어보려던 참이었다. 결국 임대료 무상지원 등을 약속하며 완공 후 운영 책임까지 권순엽 대표와 그의 아내인 장동선 소다미술관 관장에게 맡겼다. 그 덕분에 소다미술관은 지난해 리모델링 공사에 들어가 2015년 문을 열 수 있었고 버려졌던 땅은 이제 지역민과 함께하는 공간으로 탈바꿈하고 있다.

다섯 가지 즐거움을 맛볼 수 있는 공간

"누구나 일상적으로 편하게 방문할 수 있는 공간을 목표로 했다."

건축 리모델링을 담당했던 권순엽 대표의 말처럼 소다미술관은 기존의 미술관과 차별화된 공간을 목표로 했기 때문에 건물 구조부터 남다르다. 찜질방으로 만들기 위해 공사가 진행되던 건물을 허물지 않고 뼈대의 특성을 그대로 살려 미술관으로 완성한 것이다. 내부에는 목욕탕과 불가마 용도로 쓰려던 방의 구조가 그대로 남아 있고 건물 외관도 마감을 전혀 하지 않아 찜질방 건물로 지어지던 당시의 모습을 엿볼 수 있다. 건물 옥상과 외부에는 화물 컨테이너를 설치해 색다른 전시공간을 구성했다. 특이한 구조 속에서 방문객들은 기존 미술관에서 이해하기 어려운 작품들을 감상하며 가져야 했던 이질적 느낌에서 벗어나 공간을 즐길 수 있게 됐다.

장동선 관장은 미술관이라고 하면 불필요하게 근엄하고 권위적일 것이라는 편견 탓에 동네 마실 나가듯 편안하게 다가가기 힘든 공간이라고 말하면서 그러나 소다미술관은 예술만 다루는 것이 아니라 방문객들이 오락(다섯 가지 즐거움)을 만족시킬 수 있도록 구성된 곳이라고 말했다.

실제로 소다미술관의 방문객들은 미술관 곳곳을 관람하며 오락을 느낀다. 먼저 특이한 구조의 미술관 건물에서 각종 예술 작품들을 감상하며 공간을 보는 즐거움을 느낀다. 미술관 내 디자인 가게에서는 구매의 즐거움이, 옥외 잔디정원에서 열리는 푸드트럭 페스티벌에서는 먹는 즐거움이 방문객들을 기다린다. 마지막으로 각종 체험 및 교육 프로그램 등

소다미술관의 방문객들은 미술관 곳곳을 관람하며 오락(다섯 가지 즐거움)을 느낀다. 특이한 구조의 미술관 건물에서 각종 예술작품들을 감상하다 보면 공간을 보는 즐거움은 저절로 따라온다.

을 통해 몸으로 느끼는 즐거움까지 느낄 수 있다. 이처럼 소다미술관의
오락은 지역민들을 이끄는 원동력이 되고 있다.

문화 콘텐츠에 기반한 자생 공간으로 성장

불과 몇 년 전만 해도 버려진 땅이었던 이곳은 이제 지역민의 참여를 스
스로 이끌어내는 공간으로 변해가고 있다. 미술관 본연의 역할인 작품 전
시가 성공적으로 이뤄지고 있고 각종 프로그램도 호응을 얻고 있다.
2015년 4월 시작해 4개월 동안 진행된 첫 번째 기획전시 'RE:BORN'의
경우 성공적으로 진행돼 세계 3대 디자인 어워드인 독일의 '레드닷 디자
인 어워드'를 수상했다.

첫 번째 전시의 성공에 힘입어 2015년 9월 19일에 시작된 두 번째
기획전시 'RE:BORN Ⅱ' 역시 전 세계의 혁신적이고 창의적인 건축가들
을 초대해 성공적으로 진행됐다. 소다미술관은 이 같은 전시뿐만 아니라
각종 프로그램들도 발전시켜나갈 예정이다. 이를 위해 미술관을 방문했
던 전업주부들을 모아 '소다 CCCommunity Connector'라는 자문단을 구성
했다. 자문단과는 2주에 한 번 만나 지역의 이익을 위한 미술관 운영 방
안을 논의한다.

옥외정원에서는 지역주민들과의 바비큐 파티, 플리마켓 등을 열고
화성시 유치원과 중·고등학교 학생들을 대상으로 한 문화 프로그램도
계획 중이다. 소다미술관은 단순히 미술관 역할에서 그치지 않고 지역민

들과 창작자들이 함께 그려가는 문화 캔버스(다양한 문화가 공존하는)로 거듭나고 있다. 아울러 '소다만의 특이한 공간'을 이용한 설치·건축·디자인 전시까지 함께 기획해나갈 목표도 가지고 있다.

장인정신이 살아 있는 공간
종로 세운상가

2016년 1월 말 서울 종로의 세운상가 5층 중정. 이날 세운상가에는 오전부터 많은 사람들로 붐볐다. 2004년 이후 10여 년이 넘도록 진전이 없었던 세운상가의 새 출발을 공식적으로 선언하는 날이었기 때문이다. 세운상가 도시 재생 프로젝트는 단순히 과거의 유산으로 남은 한 건축물을 현대에 맞게 새롭게 바꾸는 작업이 아니었다. 세운상가 프로젝트는 앞으로 서울을 어떤 도시로 만들어나갈지를 보여주는 역사적인 증거가 될 프로젝트였으며 서울이라는 도시의 미래를 묻는 작업이었다. 세운상가는 그간 우리 도시가 잊고 살았던 '연결'과 '참여'의 가치를 구현하고, 이를 통해 서울 시민이 찾고 싶은 장소로 다시 태어날 수 있는지 그 가능성을 시험하는 장이었다.

세운상가의 새로운 미래를 알리는 현
수막이 걸려 있다. 10년이 넘도록 방
치된 세운상가는 2월부터 단계적으로
도시 재생에 들어갔다. 키워드는 도심
내 제조업 기지로의 부활과 주변 지역
과의 연결이다.

단절에서 연결을 생각하다

1960년대에 세워진 세운상가는 한국 최초의 주상복합건물로도 유명하다. 한국을 대표하는 건축가 고故 김수근이 설계한 건축물이기도 하다. 하지만 과거의 위상이 사라진 지는 이미 오래다. 1980년대만 하더라도 서울을 대표하는 상권이자 전자산업의 메카로 불렸으나 이제 세운상가를 위시한 일대는 시민들의 발걸음이 끊긴 지 오래다.

세운상가의 첫 번째 과제는 이 같은 과거의 화려했던 시절과 현재의 초라한 모습 사이에서 벌어진 간극, 즉 단절을 극복하는 것이었다. 우선 이를 위한 디딤돌은 놓아졌다. 이명박, 오세훈 전 서울시장 시절 진행됐던 전면 철거 후 재개발 방식은 과거와 현재를 연결하는 것이 아닌, 과거를 부정하는 데서 시작되는 작업이었다. 하지만 박원순 시장은 2014년 3월 세운상가가 지닌 건축적 가치와 문화적 가치를 고려해 세운상가를 보존하면서 도시 재생을 추진하기로 결정했다. 서울시가 전면 철거 방식이 아닌 도시 재생 방식을 택함으로써 과거와의 연결 시도가 시작됐다.

시간적 단절을 극복한다고 해서 문제가 해결되는 것은 아니다. 물리적으로 끊어진 공간적 단절도 해결해야 한다. 연간 전 세계 도시 중 가장 많은 관광객이 찾는 영국 런던의 경우 물리적 공간이 끊이지 않고 계속해서 이어진다. 아침에 하이드파크에서 상쾌하게 여정을 시작한 관광객이 바로 옆 버킹엄 궁전을 구경하고, 걸어서도 쉽게 닿을 수 있는 피카딜리 서커스 광장과 내셔널 갤러리 등을 걷다 보면 하루가 끝날 무렵에는 발이 퉁퉁 부어오른다. 이는 런던이라는 도시가 물리적 공간의 단절 없이 사람들이 걷고 싶은 매력적인 거리를 갖추고 있기 때문이다.

비슷한 측면에서 세운상가 역시 종로, 을지로, 청계천로, 퇴계로 등 주변 도로 및 지역과의 연결성을 어떻게 회복하느냐가 중요한 과제로 남아 있다. 정석 서울시립대 도시공학과 교수는, 도시는 사람과 유사한 측면이 있는데 사람이 건강하려면 피가 잘 통하고 소화도 잘돼야 하듯이 도시도 막힘없이 잘 흘러가야 한다고 말한다. 이런 의미에서 세운상가가 사람들이 찾아오고 늘 걷고 싶은 매력적인 장소가 되기 위해서는 세운상가 특유의 역사성과 장소성을 살리는 것은 물론 보행 환경을 개선하는 일도 필요하다고 지적했다. 소프트웨어와 하드웨어 측면을 동시에 개선해야 한다는 조언이다.

전면 철거에서 시민 참여 도시 재생으로

세운상가 프로젝트는 시작부터 시민의 참여를 배제시킨 채 일방적인 하향식 행정으로 진행됐다. 1967년 서울시는 세운상가 터에 자리를 잡고 20년이 넘도록 살아온 영세 상인들의 반대에도 불구하고 세운상가를 조성했다. 또 1984년에는 세운상가 지역 재개발 사업 계획을 일방적으로 발표했다. 세운상가 활성화에 대한 논의가 본격적으로 시작된 2006년 오세훈 전 서울시장 시절에도 마찬가지였다. 세운상가를 철거하고 종묘와 청계천을 잇는 대형 녹지축을 조성하는 계획을 세운 것이다. 하지만 당시에도 시민 참여라는 개념은 생각조차 하기 어려운 시절이었다.

하지만 박원순 시장이 추진하는 도시 재생 프로젝트는 시민이 참여할 수 있는 가능성을 열었다는 점에서 과거와 다르다. 서울시는 그동안 주민설명회를 17회 개최했으며, 분야별 설계 자문단을 구성해 운영하기도 했다. 다만 박원순 시장의 공언대로 시민 참여가 제대로 이뤄지고 있는지는 여전히 물음표다. 이영범 경기대 건축대학원 교수는 "시민 참여로 세운상가를 새롭게 탄생시키겠다고 하면서 '세운상가 활성화를 위한 공공 공간 설계 국제현상공모'를 진행했다"면서 "세운상가 고유의 장소성에 내포된 도시의 공공적 가치의 회복에 앞서 이 같은 방식으로 공모전을 진행하는 것은 공공적 가치를 내건 빅 플랜의 재현일 수 있다"고 지적했다.*

김연금 조경작업소 울 소장과 박혜리 KCAP 건축도시설계사무소 팀장도 세운상가 프로젝트를 추진하는 서울시의 방식에 대해, 데크 활용에 대한 현상 설계를 선언적으로 진행한 다음 소통이 뒤따르고 있으며, 여전히 소통 자체를 목적으로 하고 있지는 않다고 꼬집었다. 서울시가 세운상가 재도약 프로젝트를 발표하던 날 세운상가와 청계상가 사이에서 만난 한 상인은 과거 공중 보행교 데크가 있던 자리를 가리키며, 예전에는 없애야 한다면서 없애더니 이제 와서 왜 또 새로 만든다고 하는지 모르겠다면서 볼멘소리를 했다. 이는 현재 서울시가 지닌 시민 참여 방식의 한계를 보여주는 사례다.

● 이영범 외 공저, 《세운상가 그 이상: 대규모 계획 너머》, 공간서가, 2015년.

왼쪽·· 세운상가 내부 모습. 과거 이곳에서는 '탱크를 만들 수도 있다'는 말이 나돌 정도로 한국의 성장을 상징하던 곳이다.
오른쪽·· 세운상가에는 아직도 옛 명성을 느낄 수 있는 전자가게들이 자리를 잡고 있다.

탱크도 만들 수 있는 도심 내 제조업 기지

다행스러운 점은 세운상가가 흥미로운 스토리를 지니고 있다는 점이다. 세운상가를 둘러본 해외 전문가들은 이 지역의 도시 재생 가능성을 높게 평가한다. 샤를로테 바르테스Charlotte Barthes 취리히공과대학 연구원은, 세운상가 지역의 좁은 골목길 사이를 걷다 보면 밀집된 도시 공간의 섬세함과 생동하는 에너지, 세운상가라는 근대 건축 아이콘의 그늘을 가려주는 모든 생산적 활동에 놀라게 된다면서 세운상가 일대를 재건축으로 밀어버리는 것은 서울시, 특히 세운상가군 자체에 엄청난 손해라고 말했다.

세운상가는 도심 한가운데에 위치한 제조업 기지다. 과거 이곳에서는 '탱크를 만들 수도 있다'는 말도 나왔을 정도다. 고도화된 서비스업이 도심 중심부를 차지하고 제조업은 점점 도시 외곽으로 밀려나는 시대에 세운상가와 같은 사례는 전 세계적으로도 흔치 않다.

나오미 하나카타Naomi Hanakata 취리히공과대학 연구원은 도심 제조업 지역의 가치에 대해 "대부분의 현대 도시에서 이제 더는 볼 수 없고 없는 듯 취급한 것이 바로 도심 내 제조업이며, (사람들은) 신선한 농산물과 상품이 어디에서 왔는지, 어떤 환경에서 생산되는지 실감하지 못하면서 상품 진열대에서 손쉽게 살 수 있다"면서 "세운상가의 수많은 작업장과 상점, 무엇보다 이 지역의 장인정신은 여타 여러 도시가 지키지 못하고 안타깝게 놓쳐버린 잠재성"이라고 설명했다. 제프 헤멜Zef Heml 암스테르담대학 교수도 세운상가와 관련한 주변 이야기가 좋다며 이 빌딩이 지닌 요소들을 결합해 미래의 내러티브를 써보길 권한다고 조언했다.

건축가 김수근과의 연관성

세운상가는 '한강의 기적'으로 묘사되는 압축적인 성장을 이뤄낸 한국의 근현대사를 상징하는 대규모 건축물이다. 빠른 경제성장과 이에 따른 도심의 팽창 덕분에 서울이라는 도시는 세운상가와 같은 대형 프로젝트를 많이 진행해왔다. 1950년대 광장시장 현대화 사업, 1960년대 평화시장 건립, 1960년대 세운상가, 1970년대 동대문종합시장, 1980년대 을지로 주변 재개발, 1990년대 동대문 일대 재개발, 2000년대 청계천 복원 등이 대표적인 프로젝트다.

홍미로운 점은 이 같은 대형 건축물과 한국을 대표하는 건축가 김수근과의 연관성이다. 잘 알려져 있다시피 세운상가는 김수근이 1966년에 설계한 건축물이다. 세운상가뿐만 아니라 청계천 고가도로·88올림픽 주경기장·대법원 종합청사 등 여러 상징적인 건축물에서도 김수근의 이름을 찾을 수 있다. 그중에는 용산 남영동 대공분실과 같은 논란이 되는 건축물도 있다.

이 때문에 건축업계 한편에서는 건축가 김수근에 대한 평가뿐만 아니라 한 시대를 대표하는 지식인으로서의 김수근을 재평가해야 한다는 얘기들도 나오고 있다. 그가 설계한 건축물 중 상당수가 과거 군부독재정부가 발주한 것이기 때문이다. 한 건축학과 교수는, 건축계에서 김수근을 신성시하는 경향이 있다면서 김수근이 한국 건축계에 공헌한 점은 분명히 있지만 건축은 시대정신을 반영하는 것인 만큼 다양한 각도에서 그를 평가할 필요가 있다고 말했다.

빛을 품은 빌딩
용인 헤르마주차빌딩

지하철 분당선 죽전역을 나와 경기도 용인시 보정동 '죽전 카페거리' 초입에 이르면 햇빛을 받아 반짝이는 플라스틱 패널로 마감한 건물 한 채가 눈에 들어온다. 건물 1층에는 자동차들이 분주하게 오가기를 반복했다. 얼핏 보면 미술관이나 고급 상가가 연상되지만 이 건물은 주차빌딩이다. 주차장의 고정관념을 허물며 도시의 랜드마크로 우뚝 선 '헤르마주차빌딩'이 그 주인공이다. 헤르마주차빌딩은 주차장이 도시 미관을 해치는 흉물이 아니라 화려한 디자인으로 도시 경쟁력을 높이는 요소가 될 수 있음을 입증해 보인 건물이다.

경기도 용인 헤르마주차빌딩은 획일화된 주차장의 이미지에서 벗어나 고급상가를 연상시키는 차별화된 디자인으로 도시의 랜드마크가 됐다.

위·· 헤르마주차빌딩 1층에 들어선 상가
들. 차별화된 디자인으로 상가의 수익성
을 높였다.
아래·· 헤르마주차빌딩의 측면은 협소한
삼각형 대지 형태 그대로 뾰족한 삼각형
이다. 자동차 라디에이터 그릴을 연상시
키는 환기창이 인상적이다.

열악한 대지에 순응한 삼각형 건물

헤르마주차빌딩은 건축주에게 애물단지 같은 존재였다. 건물이 들어선 주차장 용지는 한쪽 면이 삼각형이라 공간 활용이 불가능한데다 폭도 14미터로 좁아 주차장으로 활용하기가 쉽지 않았기 때문이다. 특히 주차장법에 따라 주차대수가 50대 이상일 경우 6미터 폭의 경사로를 확보해야 하는데 14미터에 불과한 용지 폭을 고려하면 상가시설을 들일 공간이 턱없이 부족했다. 이 같은 설계상의 어려움 때문에 건축주는 15억 원에 이 땅을 매입한 뒤 6년째 착공조차 못하고 있었다.

몇몇 설계사무소와 건설사들이 두 손을 들어버린 이 건물의 설계를 맡게 된 이정훈 조호건축 대표는 고민 끝에 결단을 내렸다. 주차대수를 50대 미만으로 줄여 경사로의 폭을 3.3미터로 크게 축소하고 늘어난 공간에 상업시설을 더 채우기로 한 것이다. 이 용지는 총면적의 20퍼센트까지 상업시설을 들일 수 있었다. 아울러 개천과 접한 여유 공간에는 테라스를 설치해 상가의 경쟁력을 높였다. 주차장으로서의 기능이 불가능해보였던 입지의 한계를 특별한 아이디어와 디자인으로 극복한 것이다. 실제로 대지에 순응하며 세운 건물의 측면부는 뾰족한 삼각형이라 경쾌한 리듬감마저 자아낸다. 주차장 용지치고는 상당히 작은 규모를 오히려 장점으로 변화시킨 것이다.

이정훈 대표는, 땅값이 비싼 대규모 용지는 수익성을 맞추기 위해 디자인적 측면을 무시하기 쉽지만 헤르마주차빌딩은 협소한 용지라서 오히려 건물 본연의 가치를 창출하는 데 집중할 수 있었다고 설명했다.

자동차 라디에이터 그릴을 연상케 하는 환기창이 인상적

흔히들 주차빌딩 하면 철골이나 콘크리트 구조의 건물을 떠올리게 된다. 하지만 헤르마주차빌딩은 외관을 플라스틱 재료인 폴리카보네이트로 마감했다. 콘크리트에 비해 가벼운 느낌을 주면서 건물 내·외부의 빛에 민감하게 반응하는 재료를 선택한 것이다. 반투명한 폴리카보네이트 외벽은 내리쬐는 햇빛을 반사해 다양한 색상을 연출하고 건물 내부의 자동차 헤드라이트 불빛도 은은하게 새어나온다. 건물 측면 삼각형 부분은 마름모꼴 형태의 패턴으로 구멍이 뚫려 있는데 마치 자동차 라디에이터 그릴을 연상시킨다.

이처럼 디자인에 공을 들이면서 건축비도 자연스레 늘어났다. 건축비가 늘어나자 건축주가 반대했다. 하지만 이정훈 대표는 디자인의 완성도를 높여 주차장에 포함된 상가가 아니라 상가에 속한 주차장처럼 보이게 함으로써 건물의 가치를 높이자고 설득했다. 그 결과 헤르마주차빌딩의 임대료는 일대에서 제일 높은 수준을 유지하고 있다. 2010년 완공 이후 전체 상가의 절반인 네 군데 정도가 계속 자리를 지킬 정도로 임차인들의 만족도도 높은 편이다.

주차장도 도시의 랜드마크가 될 수 있다

이정훈 대표는 헤르마주차빌딩을 지을 당시 건물 주변의 가림막을 철거하던 순간을 지금도 잊지 못한다. 공사 기간 내내 주민들의 민원이 끊이지 않았는데 가림막에 감춰졌던 건물의 독특한 외형이 모습을 드러내자 민원이 거짓말처럼 사라졌기 때문이다. 주민들이 마을 전체를 대표할 수 있는 이미지의 건물이 들어선 데 대해 환영의 뜻을 보낸 것이다. 이후 헤르마주차빌딩은 동네의 랜드마크 역할을 담당하는 건축물로 자리를 잡았다. 이제는 택시를 타는 손님들이 "헤르마빌딩으로 가자"고 얘기할 정도다. 최근 사람들이 몰리는 죽전 카페 골목의 이미지 역시 초입에 위치한 이 건물에서 시작된다.

사실 주차장은 그 지역의 랜드마크가 될 충분한 조건을 갖추고 있다. 대부분의 주차장 용지는 도시계획상 도심 한복판, 사람들의 접근이 가장 용이한 위치에 배정되기 때문이다. 따라서 철골과 콘크리트의 단순한 외관에서 벗어나 헤르마주차빌딩처럼 차별화한 디자인으로 무장한 주차장이 늘어날수록 우리 도시의 이미지도 한층 밝아질 것으로 기대된다.

이정훈 조호건축 대표
"거장의 가르침 받아 건축의 본질에 충실하다"

건축계의 노벨상으로 불리는 프리츠커 상을 받은 세계적인 건축 거장들이 있다. 2014년에 수상한 일본 건축가 반 시게루는 르완다, 일본 고베, 스리랑카, 아이티, 네팔 등 지진과 전쟁으로 황폐해진 재난 현장에 종이 튜브를 이용한 이재민 임시주택과 교회를 지어 '종이 건축가'로 불린다. 2004년 여성 최초로 이 상을 수상한 이라크 출신 영국 건축가 자하 하디드는 우리나라의 동대문디자인플라자를 설계한 사람이다.

헤르마주차빌딩을 설계한 이정훈 대표는 세계적으로 인정받는 이들 건축가의 사무소에서 실무 경험을 쌓은 화려한 이력을 지니고 있다. 이정훈 대표와 반 시게루의 인연은 그가 건축 분야 국비 유학생으로 프랑스에 가면서 시작됐다. 당시 이정훈 대표는 반 시게루가 설계를 맡은 '퐁피두메츠센터'의 디자인에 반해 그의 사무실로 무작정 전화를 하고 이메일을 보내 어렵게 인터뷰를 가진 뒤 1년 반 동안 그의 파리 사무소에서 일했다. 그는 인턴으로 시작해 자신이 감명을 받았던 퐁피두메츠센터 프로젝트 스태프로 참여하기도 했다.

이정훈 대표는 "반 시게루는 건축가로서의 사회적 역할과 사회참여에 대한 고민을 많이 하는 인간애가 투철한 건축가다. 나는 그가 주변 평가에 일희일비하지 않고 자신의 철학에 따라 맥락 속에서 건축의 본질에 집중하는 태도에 감명을 받았다"고 말했다. 반 시게루의 사무소를 나와 다른 프랑스 설계사무소에서 1년가량 근무한 이정훈 대표는 프랑스를 벗어나고 싶은 생각에 여러 해외 사무소에 지원했고 영국 런던의 하디드 사무소에서 입사 제안을 받았다. 그는 1년간 일했던 하디드의 사무소를 학교에 비유했다. 전 세계에서 온 300여 명의 인재들이 자신의 디자인 안을 채택시키기 위해 치열하게 공부하고 경쟁하는 장소였기 때문이다. 이정훈 대표는 하디드를 "인간이 할 수 있는 극도의 실험적 형태에 대해 절대 타협하지 않는 어마어마한 열정을 가진 인물"이라고 소개했다. 그는 하디드의 사무실에서 배운 업무 노하우가 지금 한국에서 사무실을 운영하는 데 가장 큰 원동력이 돼주고 있다고 말했다.

반세기 동안 한자리를 지키다
중구 장충체육관

서울 지하철 3호선 동대입구역 5번 출구 방향으로 가다 보면 장충체육관으로 바로 연결되는 지하통로가 나온다. 이곳 한쪽 벽면에는 '시민 사진 공모전' 입상 작품들이 전시돼 있다. 서울 시민들의 낡은 서랍 속에 들어 있던 오래된 사진들로, 장충체육관의 역사를 보여주는 그때 그 시절의 사진들이다. 그 역사만큼 장충체육관은 많은 사람의 추억들이 깃들어 있는 곳이다. 10년이면 강산이 변한다는 말도 있지만 도시의 변화는 훨씬 빠르다. 장충체육관은 이런 변화 속에서도 반세기가 넘도록 도시의 한복판에서 꿋꿋하게 그 자리를 지키고 있다.

위‥ 한국 실내체육관의 효시인 장충체육관은 2008년 철거된 동대문운동장과 달리 리모델링을 통한 보존을 택함으로써 기능적인 측면뿐 아니라 역사적인 측면에서도 한층 의미를 지닌 건축물로 남게 됐다.
아래‥ 리모델링을 위해 돔을 철거한 장충체육관.

영욕의 세월 고스란히 품은 50년

현재 프로배구단 우리카드 한새를 이끌고 있는 김상우 감독은 한 인터뷰에서 은퇴 후 제일 먼저 찾아간 곳이 장충동이었다고 말했다. 그의 배구 인생에 있어서 장충체육관이 가장 중요한 장소 중 하나였기 때문이다. 비단 김상우 감독만의 얘기는 아닐 것이다. 우리가 기억하는 과거의 스타에서부터 현재 전성기를 누리고 있는 선수들까지 장충체육관은 그들에게 각별한 장소로 남아 있다. 물론 일반인에게도 많은 추억이 깃들어 있는 장소다.

장충체육관은 한국 실내체육관의 효시다. 1963년 개관 이후 배구뿐만 아니라 농구·권투·레슬링 등 수많은 스포츠 경기가 열렸으며(안타깝게도 공식 기록은 남아 있지 않다) 많은 체육인들의 땀과 눈물의 스토리가 기억되고 있는 곳이다. 입 다물고 조용히 사는 것이 미덕으로 여겨지던 시절 장충체육관은 갑남을녀들이 몰려와 소리치고 응원하며 더러는 패자와 아픔을 대신하며 자신의 감정을 여과 없이 쏟아내곤 했던 몇 안 되는 공공장소 중 하나였다. 이처럼 사람들에게 잠시나마 표현의 자유(?)를 선사했던 장충체육관이 한편으로는 사람들의 자유를 억압하는 정치적 사건의 무대가 됐다는 점은 역사의 아이러니다. 한국 민주주의를 가로막은 그 유명한 '체육관 선거'가 실시됐던 장충체육관은 과거 독재정치의 어두운 기억들도 고스란히 간직하고 있다.

필리핀 원조설 시달린, 엄연한 우리 작품

장충체육관은 오랫동안 '필리핀 원조' 논란에 시달린 건축물이기도 하다. 1955년 육군체육관으로 지어진 이 건물은 1959년 서울시가 운영을 맡아 개·보수한 후 1963년에 개관했다. 유엔에 따르면 장충체육관 개·보수를 시작한 1960년 필리핀의 국내총생산GDP은 67억 달러로 한국(39억 달러)보다 부강한 나라였다. 그래서 한국전쟁 이후 어려웠던 시기에 한국보다 잘살고 기술력도 있었던 필리핀의 도움을 받아 지어진 건축물이라는 소문이 오랫동안 떠돌았다. 2010년 한 종합일간지는 "1963년 한국 최초의 실내체육관인 장충체육관을 지을 때 국내 기술로는 감당하기 힘들어 필리핀 엔지니어의 도움을 받았을 정도"라고 보도하기도 했다.

하지만 이는 사실이 아닌 것으로 드러났다. 장충체육관은 한국 1세대 건축가인 고故 김정수가 설계하고 시공은 삼부토건이 담당한, 엄연히 한국 기술력으로 지어진 건축물이다. 한국건축역사학회 부회장을 맡고 있는 안창모 경기대 건축대학원 교수는, 장충체육관을 필리핀이 지어줬다는 근거 없는 소문이 인터넷에 떠돌아다니고 언론에서도 이를 보도하자 김정수의 아들인 김석범이 직접 건축역사학회에 연락을 해와 사실관계를 바로잡아달라고 요청한 적이 있다고 설명했다.

흥미로운 점은 이 근거 없는 소문의 진원지 중 하나가 이명박 전 대통령이었다는 사실이다. 이명박 전 대통령은 2011년 11월 필리핀을 방문한 자리에서 장충체육관은 필리핀이 설계해서 지었으며 한국의 일류 건설회사들이 하청을 받아 건물을 지었다고 말한 적이 있다. 필리핀에

왼쪽·· 리모델링한 돔 지붕의 경우 나선형 창을 통해 들어오는 자연 채광이 하늘을 향해 상승하는 듯한 느낌을 준다.

오른쪽·· 부채춤의 한국적 곡선미를 강조한 나선형 지붕. 야간에는 내부의 빛이 지붕창을 통해 흘러나와 조명 역할을 한다.

아래·· 리모델링된 장충체육관 내부 모습.

5억 달러 무상원조를 약속하면서 이같이 발언한 것과 관련해 안창모 교수는, 당시 외교통상부·수출입은행 등 정부 관계자들은 건축역사학회에서 공식적으로 장충체육관은 우리의 기술로 지어진 건축물이라는 입장을 내놓은 것을 보고 연락을 해왔다고 말했다. 이명박 전 대통령이 필리핀에 무상원조를 약속한 근거 중 하나가 장충체육관을 필리핀이 지어준 걸로 알고 있었기 때문인데 정부 관계자들은 나중에 사실관계를 확인하고 나서 상당히 난감해했다고 한다.

그때 그 자리에 있어 빛나는 건축물

장충체육관은 동대문운동장과 곧잘 비교되는 건물이다. 두 건축물 모두 한국 스포츠의 역사를 이야기할 때 빼놓을 수 없는 장소인데다 한 건물은 리모델링을 통한 보존, 한 건물은 '철거'라는 전혀 다른 길을 걷게 됐기 때문이다. 동대문운동장을 철거하고 기존의 체육시설과는 성격이 전혀 다른 건축물을 지은 것에 대해서는 지금까지도 논란이 일고 있다. 그러나 어떤 건축물이라도 시간이 지나 낡으면 한 번쯤은 보존과 철거의 기로에 놓이게 된다.

안창모 교수는 건축물을 보존할 것인지 철거할 것인지를 결정하는 일반적인 기준은 역사적 가치에 있다고 말한다. 그는 장충체육관은 건축물의 아름다움보다는 그 장소에서 발생했던 사건들이 의미가 있기 때문에 '그때 그 자리에 보존할 가치'가 있는 건축물이라고 강조했다. 장충체육관은 2012년 5월부터 2015년 1월까지 약 2년 6개월 동안 리모델링 작업을 실시했다. 장충체육관을 상징하는 돔을 뜯어낸 후 새로운 돔을 씌우고 관중들의 편의와 안전을 위해 객석 수를 줄이는 등 많은 변화가 있었지만 과거의 흔적들을 보존하기 위해 애를 썼다.

당시 리모델링을 맡은 김복지 유선건축 건축소장은, 기존 건물의 역사성을 고려해 옛날 기억들을 떠올릴 수 있는 것들은 보존하려고 노력했다. 예를 들면 건물 내부에 기존 구조물을 일부러 노출시켜 새로 리모델링하는 것들과 구분이 되게 했으며 기존 돔을 철거하면서 나온 철골 구조물을 체육관 외부에 따로 전시해 사람들이 옛날 추억들을 떠올릴 수 있도록 했다.

건축가 김정수

"국회의사당 설계에 참여한, 한국 건축의 개척자"

1919년생인 고故 김정수는 한국 건축가 1세대로 알려진 김수근과 김중업보다 앞서 한국의 현대건축을 개척한 인물이다. 《건축가 김정수 작품집》을 발간한 안창모 교수는 김정수를 한국 현대건축사에 있어서 굉장히 중요한 인물로 소개한다.

그는 일반적으로 '건축가'라고 하면 미적인 측면을 중요하게 생각하기 때문에 김수근이나 김중업을 기억하는 사람들이 더 많은데 오히려 초기 건축가들은 엔지니어로서의 이미지가 더 강했으며 김정수가 우리나라에서 그러한 역할을 한 건축가라고 평가했다. 그는 이어 "해방과 전쟁 후 복구 시기를 거치면서 한국에는 건축에 쓸 만한 새로운 재료들이 별로 없었다. 김정수는 1950~60년대에 활동하면서 우리나라의 실정에 맞는 새로운 건축 재료와 구조가 무엇인지를 고민했으며 한국 현대건축 초창기에 큰 공헌을 한 사람"이라고 말했다.

실제로 김정수는 프리캐스트 공법을 직접 개발해 풍문여고 과학관에 적용했으며 공업기술 미학의 정수로 불리는 커튼월을 직접 만들어 우리나라 최초의 커튼월 건물인 명동 가톨릭회관에 적용하기도 했다. 안창모 교수는 "김정수는 당시 지금 당장 쓸 수 있는 재료를 개발하는 것은 물론 트렌디한 세계 건축의 미학을 도입하는 데도 앞장섰다"고 설명했다. 장충체육관, 여의도 국회의사당, 종로 YMCA회관, 연세대 학생회관, 성모병원 등이 김정수가 설계한 작품이다. 한국 최초의 건축설계사무소인 '종합건축연구소'를 만들기도 했다.

장소의 정체성을 부여하다
이태원 현대카드 뮤직라이브러리

장소는 인간의 경험을 통해 정체성이 형성되며 사회와 역사적 관계 속에서 특별한 의미를 부여받는다. 그런 면에서 이태원은 서울이라는 도시 공간 속에서 특별한 정체성이 부여됐고 지금도 그 의미가 시시각각 변화하고 있는 곳이다.

1990년대 이전의 이태원은 주한 미군기지의 영향으로 퇴폐적으로 변형된 미국 문화가 지배하는 공간이었다. 그러나 2000년대 이후로는 한국에서 소위 '문화 세계화'의 중심지가 됐다. '좀 놀 줄 아는 녀석'으로 인정받기 위해서는 이태원 클럽에 한두 번쯤 출입해봐야 하고 길거리에서 외국인과 '헤이-요hey-yo!'를 외치면서 어깨인사 정도는 해본 적이 있어야 한다. 하지만 이태원은 지배하는 문화와 사람들

현대카드 뮤직라이브러리와 언더스테이지 전경. 앞뒤로 뚫린 뮤직라이브러리의 공간은 길거리 행
인들이 건물에 가려 볼 수 없었던 건물 뒤편의 풍광을 볼 수 있게 한다. 남산에서 한강으로 이어지
는 경사진 지형을 그대로 살려 그 위에 건물을 올려놓은 것도 이색적이다.

만 달라졌을 뿐 여전히 무한한 '소비와 배설의 장소'라는 점에서는 1980~90년대의 모습과 크게 다를 바 없다.

오늘날의 이태원은 조금씩 변화의 모습을 보이고 있다. 문화를 단순히 소비하는 곳이 아닌 창조해내고 즐기는 장소로 바뀌고 있는 것이다. 갤러리 두루, 갤러리 골목, '다시서점&초능력' 등 다양한 문화예술 공간들이 들어서면서부터다. 특히 2015년 완공돼 운영 중인 '현대카드 뮤직라이브러리'는 맞은편의 '스트라디움'과 함께 문화를 즐기고 향유하는 장소로서 이태원의 정체성에 또 다른 길을 제시해주고 있다.

행인들 눈길 사로잡는 건축물

'현대카드 뮤직라이브러리'는 인사동 쌈지길의 설계자로 유명한 최문규 연세대 교수와 가아건축사사무소가 디자인했다. 이미 인터넷을 통해 유명해질 대로 유명해진 '뮤직라이브러리'이지만 지상 위로 올라와 있는 건물은 그리 크지 않다. 건물 구조를 보면 지상 4층 높이이지만 방문객이 이용하고 밖에서 볼 수 있는 공간은 2층까지다. 반대로 지하는 주차장을 포함해 5층까지다. '도서관'은 지상에 노출된 2층까지이며 지하에는 연습실인 '렌털 스튜디오'와 200석 규모의 공연장인 '언더스테이지'가 들어서 있다.

건물의 전체적인 모습은 직사각형이다. 건물의 절반가량은 '라이브러리'가 공간을 차지하고 있고 나머지 절반의 공간은 앞뒤를 '뻥' 뚫어놓았다. 마치 건물 앞에 지붕이 있는 마당의 모습을 하고 있다. '뮤직라이브러리'의 비워진 공간은 도로 옆에 빽빽하게 채워진 건물만 보아온 행인들에게 잠시 동안의 여유를 가져다준다. 건물이 들어서는 부지의 경우 초기 계획안에 경사진 지형을 만드는 것이 포함돼 있었고 최문규 교수는 언젠가 최초의 계획안대로 다시 지을 수도 있다는 생각에 경사면을 그대로 놔뒀다. 그래서 건물의 출입 공간으로 쓰이는 리셉션 공간 바닥도 경사진 모습을 하고 있다. 최문규 교수는 "남산에서 내려오는 땅의 모양을 존중하고 싶었다. 매일 평지만 만나는 건축가에게 경사진 바닥은 약간의 긴장과 즐거움을 줬고 내게는 의미 있는 결정이었다"고 설명했다.

건물 앞마당의 지붕과 벽면은 빌 오웬스Bill Owencs가 찍은 1969년의 롤링스톤즈 공연 사진을 활용해 프랑스의 아티스트 JR이 초대형 그래피티로 재해석한 작품이 감싸고 있다. 이 공연은 자유와 저항을 상징했던 미국 '히피' 문화의 절정이었고 동시에 내리막의 시작이었다. 그리고 당시의 록 음악은 사람들을 한곳에 모으는 힘이었다. 40여 년이 지난 지금 이태원의 '뮤직라이브러리'도 당시의 기억을 되새길 수 있는 곳이었으면 하는 기대와 바람이 녹아들어 있다.

거리 향해 열린 '이태원의 쌈지길'

애초 이 건물은 일정 기간 사용하고 해체시키는 것으로 계획됐다. 최문규 교수가 철골을 사용해 전체 건물의 구조를 짠 것은 이 때문이다. 시간이 지난 후에도 재활용이 가능하도록 만든 것이다. 그래서 건물도 화려하다기보다는 차분하고 중성적인 느낌이 든다.

길에서 이 건물을 봤을 때 드러나는 부분은 지상 2층에 있는 라이브러리다. 방문객들은 경사로를 따라 1층의 리셉션 공간으로 들어오게 된다. 철골 이외 부분은 모두 통유리로 돼 있다. 길 건너편에서도 건물 내부가 훤히 들여다보인다. 이 건물은 희귀 음반과 중요한 자료가 저장돼 있어 현대카드 소지자만 입장할 수 있으며 다소 폐쇄적으로 운영하고 있다. 하지만 개방적인 통유리가 이런 분위기를 상당히 희석시켜준다. 마당에서 그리고 길 건너편에서도 건물 내부의 수많은 바이닐 그곳에서 음악을 듣고 있는 사람들을 볼 수 있게 함으로써 건물 외부에서도 느낌을 공유할 수 있도록 했기 때문이다.

1층에는 여섯 개의 턴테이블과 바이닐을 대여해주는 사서의 공간, 희귀 앨범을 틀어주는 디스크자키 공간이 있다. 벽면에는 해외 아티스트들의 앨범이 빽빽하게 꽂혀 있고 길거리를 마주하고 있는 벽면 반대편에는 초대형 스피커와 희귀 음반이 일부 전시돼 있다. 건물 앞마당을 향한 외벽에는 베란다가 설치돼 있다. 마당에는 공연용 곤돌라가 설치돼 있어 가끔 '버스킹busking(길거리 공연)'이 진행된다. 베란다는 앉아서 공연을 볼 수 있게 해줄 뿐만 아니라 건물의 내부와 외부를 이어주는 소중한 공간이 된다.

음악 서적과 한국 뮤지션들의 앨범이 있는 공간으로 올라가려면 철제 난간으로 만들어진 계단을 이용해야 한다. 계단을 지나 공중에 난 길에 서면 유리창 너머로 주택가 풍경이 펼쳐진다. 골목길과 내·외부와의 열린 공간은 흡사 축소된 인사동 '쌈지길'에 서 있는 듯한 느낌이 들게 한다. 최문규 교수는, 쌈지길이 하늘로 열린 마당으로 과밀한 도시에 숨통을 만들어줬다면 뮤직라이브러리는 지붕은 있지만 앞뒤의 열린 공간으로 도시 속의 여유를 만들어줬다고 말한다. 이러한 점에서 두 건물은 정신적으로 연결돼 있다.

뮤직라이브러리의 색다른 지하 공간 '언더스테이지'

현대카드 뮤직라이브러리 건물은 지하에 '언더스테이지'라는 거대한 공간을 감춰두고 있다. 이곳은 현대카드가 정기적으로 국내외 음악가와 공연 예술가들을 초청해 공연을 하는 곳으로 이미 이태원의 유명한 명소가 됐다. 유명 배우와 가수, 음악가가 큐레이터로 참여해 공연을 기획해 음악 공연뿐만 아니라 뮤지컬, 비보잉 공연, 패션쇼 등 다양한 프로그램을 선보인다. 신중현 그룹, 전인권, 혁오 등 국내 아티스트뿐만 아니라 영국의 엘튼 존도 이곳에서 공연을 했다.

언더스테이지는 두 개 층을 사용하는데 위층은 렌털 스튜디오로 사용하고 아래층은 공연장으로 사용한다. 공연장과 렌털 스튜디오는 중앙의 천장이 뚫려 있어 공간을 공유하고 있다. 일반 관람객의 출입은 제한되며 두 개의 연습실과 한 개의 녹음실이 있고 공간 구석에는 앉아서 쉴 수 있도록 소파 등이 설치돼 있다.

이곳에서 가장 눈에 띄는 것은 렌털 스튜디오 벽면에 걸려 있는 담벼락 아트로 유명한 조각가 '빌스Vhils'의 아트피스다. 빌스의 아트피스는 지상 라이브러리의 2층 가장 높은 벽면에도 설치돼 있다. 건물 곳곳에서는 빌스의 작품뿐만 아니라 때로는 고급스럽고 때로는 트렌디하고 때로는 반짝이는 아이디어로 무장한 갖가지 인테리어가 눈에 띈다. 건축 설계는 최문규 교수가 담당했지만 인테리어 디자인은 미국 건축설계회사 겐슬러Gensler에서 맡았다.

공연장은 스탠딩 공연일 경우 500명, 의자를 놓을 경우에는 200명이 들어갈 수 있을 정도로 넉넉한 공간이다. 지상의 라이브러리 규모를 생각하면 지하 공연장은 오히려 거대하다고 표현해도 과언이 아니다. 공연장 뒤편에는 음향을 담당하는 콘솔 박스와 함께 공연을 즐기면서 음료수 등을 마실 수 있는 스낵바도 마련돼 있다. 편의적인 측면까지도 배려한 세심함이 돋보이는 건물이다.

위·· 현대카드 뮤직라이브러리 지하에 있는 언더스테이지의 '렌털 스튜디오' 모습. 아래층의 공연장과 천장이 뚫려 공간이 연결돼 있는 것이 인상적이다.
아래·· 뮤직라이브러리 내부. 1층에서 엘리베이터를 타고 올라오면 조그만 입구를 중심으로 바이닐 책장과 턴테이블, 사서의 공간 등이 아기자기하게 배치돼 있다.

동네 풍경 바꾼 파격의 미학
화성 폴라리온스퀘어

현대건축의 3요소를 말할 때 보통은 이탈리아 건축가 피에르 루이지 네르비Pier Luigi Nervi가 정의한 기능·구조·형태를 꼽는다. 더 크게 아우르면 BC 25년경 로마시대 건축가인 마르쿠스 비트루비우스Marcus Vitruvius가 정의한 구조·기능·미로부터, 르네상스시대 건축가 레온 바티스타 알베르티Leon Battista Alberti의 편리·견실·육감, 18세기 건축가 프랑수아 블롱델Francois Blondel의 편리·견고·쾌적까지도 이야기할 수 있다. 이들 요소는 표현과 개념, 접근방식의 차이를 보이지만 지향점은 대체로 비슷하다.

하지만 이는 이상적인 얘기들이고, 보통 건축 현장에서는 설계자·시공사·건축주의 조화가 가장 중요하다고 말한다. 아무리 훌륭한 설계

노출콘크리트와 역피라미드 구조, 공중 브리지가 돋보이는 폴라리온스퀘어 전경.

를 했어도 제대로 시공되지 않거나 건물이 건축주에게 불편하다면 곤란하기 때문이다. 건물 완공 후 이들의 관계가 불편해지거나 심지어 소송까지 이어지는 경우도 있는데 그것은 이들 관계가 조화를 이루지 못한 탓이다.

이런 의미에서 경기도 화성시에 위치한 '폴라리온스퀘어'는 복 받은 건축물이다. 건축주인 정형원 폴라리온 대표가 오랜 시간 고민하고 다듬어온 콘셉트가 있었고, 오랜 기간 함께 일해온 시공자와 설계사가 건물의 완성도에 집중한 덕분이다. 이렇게 완공된 건물은 이듬해인 2012년 한국건축문화대상을 수상하며 건축문화 창달에 기여한 공로까지 인정받았다.

노출콘크리트에 역피라미드, 공중 브리지

폴라리온스퀘어가 위치한 경기 화성시 반월동은 병점 신도시와 동탄 신도시에 인접해 주거시설과 상업시설이 혼재된 전형적인 신도시 외곽 지역이다. 서울 광화문에서 자동차로 경부고속도로를 꼬박 1시간 반을 달려 만난 폴라리온스퀘어는 단박에 눈길을 사로잡았다. 첫인상은 바람과 파도가 아슬아슬하게 뚫어놓은 해변 동굴과 고전 공포영화 속에 나오는 깎아지른 듯한 절벽을 연상시켰다. 무엇보다 '젠가' 게임을 하듯 쌓아놓은 건물에서 블록 몇 개를 빼놓은 듯한 아슬아슬함이 돋보였다.

정원형 대표가 처음 가져온 콘셉트는 지하에 반쯤 파묻힌 피라미드 형태 그리고 상부에서 물이 흘러내리는 계단 형태의 두 가지였다. 기술적으로는 건립이 가능하지만 건축비와 유지관리비가 일반 건물보다 두세

위·· 폴라리온의 협력사가 입주해 있는 B동 테라스 공간. 육면체 단위모듈(2.8m×2.6m)을 기본으로, 필요한 만큼 옆으로 붙이고 위로 쌓아 올리는 형태로 조성된 건물은 풍부한 휴식 공간을 제공한다. 아래·· 폴라리온 본사 사무실로 쓰이는 A동 8층에 위치한 회장 집무실. 복층 구조로 이뤄진 이곳은 가로 7.5미터, 세로 6미터의 전면을 6장의 특수유리로 채웠다.

배 더 많을 수밖에 없는 구조였다. 결국 기본 개념을 반영하되 형태는 원점에서 재구상됐다.

이 건물을 설계한 김창길 삼정환경건축사사무소 대표는 당시의 건물 부지가 아파트와 상가로 둘러싸인 곳의 주변에 있던 마지막 나대지였다고 말했다. 그는 공공성을 감안해 배후 근린공원(행복공원)이 보이는, 가운데가 뻥 뚫린 형태의 건물을 제안했고 건축주가 이를 흔쾌히 동의해 줘 현재의 건물이 완성됐다고 설명했다.

폴라리온스퀘어는 본사와 협력사를 위한 공간 두 개 동으로 분리돼 설계됐다. 가운데가 비어 있는 역피라미드 구조는 보완 설계를 통해 오히려 장점이 됐다. 모든 공간은 육면체 단위모듈(2.8m×2.6m)을 기본으로 필요한 만큼 옆으로 붙이고 위로 쌓아올리는 형태로 구상됐다. 최상층은 지붕처럼 공중 브리지로 연결됐다. 이에 대해 김창길 대표는, 두 건물은 세포분열을 하듯 제멋대로 팽창하고, 불규칙하게 쌓은 블록처럼 보일 수 있지만 돌출되고 후퇴한 부분이 맞물리며 서로 받아준다고 설명했다. 그리고 무한하게 뻗어가는 느낌이 과한 듯해 땅 모양을 따라 지붕으로 눌러 현재의 안정감을 확보했다고 말했다.

시행착오 끝에 현재의 건물 완공

폴라리온스퀘어는 건물 모양새만큼이나 시공도 쉽지 않았다. 무엇보다 건축주가 좋아하는 일본 건축가 안도 다다오의 '스미요시주택'처럼 시공

할 수 없었기 때문이다. 스미요시주택은 더운 지역에 지어져 단열재에 대한 고려가 없는 건물이다. 한국에서 단열재 없이 노출콘크리트 건물을 짓고 냉난방 효율까지 갖추려면 벽 두께가 1미터로 늘어나야 한다. 일본·국내 건축물을 포함해 여러 건물을 돌아봤지만 기대에는 못 미쳤다.

결국 하나씩 하나씩 연구하며 풀어나갔다. 이 때문에 한 달이면 끝날 지하층 조성에 무려 넉 달이 소요됐다. 단열재를 고정하기 위해 벽면 양쪽을 관통하는 핀 볼트를 적용했고 녹물에 의한 벽면 오염을 막기 위해 스테인리스 재질로 직접 만들어 썼다. 결국 외벽 20센티미터, 단열재 10센티미터, 내벽 15센티미터를 합쳐 벽 두께가 45센티미터로 두꺼워졌다. 덕분에 유리창이 많은 건물임에도 '패시브 하우스(최소한의 난방으로 적정 실내온도를 유지하도록 설계된 건물)' 수준의 난방효율을 기대할 수 있게 됐다. 시공사인 세한건설은 이제 국내 대형 건설사에 노출콘크리트 건설 관련 기술 자문을 해줄 만큼 노하우가 쌓였다.

이 밖에도 역피라미드로 건물 두 동이 이어지는 구조 설계도 연이은 거절 끝에 다섯 번째 업체가 해결책을 찾아줬다. 대형 현수교처럼 두꺼운 케이블로 연결하는 것 외에는 방법이 없다던 8층 지붕 작업도 여러 업체와의 협업으로 해결이 됐다. 김창길 대표는 잦은 설계 변경에도 불구하고 건축비는 3.3제곱미터당 600만 원 정도의 일반 건물 비용으로 완공됐다면서 웃었다. 마진보다는 제대로 된 노출콘크리트 건물을 반드시 만들어보겠다는 생각으로 전념한 결과였다.

독특한 외관과 옥상 정원이 압권

독특한 외관 때문에 이 건물은 영화·CF 등 20여 편의 촬영 장소로도 사용됐다. 건물에서 가장 인상적인 공간은 회장 집무실이다. 복층 구조로 이뤄져 있으며 가로 7.5미터, 세로 6미터의 벽면을 여섯 장의 특수유리로 채웠다. 영화 〈그날의 분위기〉에서 남자 주인공의 사무실로 등장하는 곳이다. 또 옥상 정원에서는 드라마 〈뱀파이어 검사〉의 주인공이 액션 장면을 선보였고 천장이 유리 연못으로 처리된 지하주차장은 패션쇼 런어웨이로도 쓰였다.

노출콘크리트를 사용한 국내 빌딩으로는 보기 드문 완성도를 보여주는 건물이지만 역시 아쉬운 점은 활용도다. 아무래도 신도시 외곽에 위치한 입지의 한계 탓이 커보인다. 레스토랑으로 설계돼 세 벽면을 유리로 마감하고 그 앞에 연못까지 둘러놓은 A동 1층은 현재 한 제조업체의 작업장으로 쓰이고 있다. 다양한 활용을 기대했던 B동 8층은 휴식 공간이라고는 하지만 가끔 열리는 파티나 회식 장소로 용도가 한정됐다. 그래도 주민들의 반응은 좋다. 폴라리온스퀘어 건설 현장의 총괄 책임자이기도 했던 장현희 폴라리온 이사는 처음에는 주민들도 의아해하는 반응이었지만 지금은 이 건물 덕분에 동네가 달라 보인다고 얘기해주는 사람들이 있어 기쁘다고 했다.

길 건너 왼편에서 바라본 폴라리온스퀘어 전경. 주목받는 오른편에서의 모습과는 또 다른 인상을
준다.

김창길 삼정환경건축사사무소 대표
"건축주의 확고한 생각이 무엇보다 중요하다"

"건축주를 만나면 항상 공부하라고 합니다. 구체적으로 요구하지 않으면 설계자나 시공자가 작업하기 편한 집을 짓기 때문이죠. 완공될 때쯤 이게 아닌데 바꿔달라고 해봐야 불가능합니다. 처음부터 설계자·시공사·건축주 3박자가 맞아야 제대로 된 집이 지어집니다."

김창길 대표는 건축주가 확고한 건축관과 비전을 가져야 한다고 강조한다. "알아서 잘 지어주세요"라고 말하는 것은 일종의 책임 회피라는 것이다. 그가 초기 설계 과정 때 매주 정형원 폴라리온 대표를 만나 회의를 했던 것도 같은 이유에서다.

김창길 대표가 건축 설계에서 중요하게 생각하는 것은 공공성이다. 애초에 건물 중앙부를 비워 배후의 공원을 가리지 않게 한 것도 그 때문이다. 그는 "개인 소유 부지와 건물이지만 불특정 다수가 이용하는 건물인 만큼 사적 재산으로만 생각할 수 없었습니다. 네모난 건물로 공원을 가렸다면 이 건물의 의미는 그만큼 퇴색했을 겁니다"라고 말했다.

김창길 대표는 여기에 폴라리온스퀘어처럼 과감한 시도가 필요하다고 강조했다. 그는 일부에서는 주변에 비해 너무 튀고 조화롭지 않다는 비판도 있다면서 "서울 청담동 정도면 각각 다른 외관을 뽐내면서도 상향 평준화된 퀄리티와 디자인으로 조화가 될지 모르지만 아직 제대로 정비되지 않은 신도시 외곽에서 조화를 요구하는 것은 상당히 위험한 발상"이라고 꼬집었다.

그는 폴라리온스퀘어를 제대로 감상하려면 길 건너 좌우에서 한 번씩 입면을 봐야 한다고 말했다. 조금 거리를 두고 좌우에서 건물을 보면 높이도 다르고 연결되는 느낌도 다르다는 것이다. 또 중앙에서 올려다보고 A동, B동, 옥상 순으로 봐주면 이 건물의 매력을 더 많이 느낄 수 있다고 했다.

4장

자연과
하나가
되는 삶

—

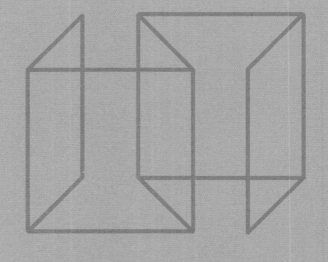

개발 욕망에 끊어진 도시의 맥
강남 르네상스호텔

서울 강남 테헤란로와 언주로가 만나는 교차로에는 서로 닮은꼴의 건축물 세 채가 자리를 잡고 있어 눈길을 끈다. 테헤란로 237에 위치한 '르네상스호텔'과 바로 뒤편에 위치한 '삼부오피스빌딩' 그리고 언주로를 사이에 두고 맞은편에 위치한 '서울상록회관'이다. 건물 모서리가 곡선 형태를 띠고 있는 세 건축물은 언뜻 보기에도 닮은꼴이다. 이들이 한 공간에 비슷한 모양으로 서 있는 것은 우연의 일치가 아니다.

건축가 김수근의 유작인 르네상스호텔(현 벨레상스 서울 호텔)과 그의 제자 장세양이 설계한 삼부오피
스빌딩은 재개발로 사라질 위기에 처했다.

도시의 맥을 잇고자 했던 김수근과 그의 제자들

르네상스호텔은 건축가 고故 김수근의 유작이다. 1988년에 완공된 이 호텔은 김수근이 세상을 떠나기 1년 전인 1985년 병상에서 스케치한 마지막 작품 중 하나다. 비슷한 시기에 설계한 서울역 인근의 벽산빌딩(현 게이트웨이타워)도 르네상스호텔처럼 곡선 형태의 모서리가 특징이다. 이런 특징은 당시 김수근의 작품 세계를 이해할 수 있는 작은 단서가 된다.

그의 제자인 승효상 이로재 대표는, 르네상스호텔은 단순히 하나의 건축물로 볼 것이 아니라 그 건축물이 가지고 있는 전체적인 '질서'를 봐야 한다고 강조한다. 승효상 대표가 말하는 질서는 바로 맥락이다. 좁은 의미에서는 르네상스호텔이라는 건축물이 갖고 있는 맥락이고, 넓은 의미에서는 도시라는 공간에서 설계자가 구현하고자 했던 맥락이다. 승효상 대표는, 설계 측면에서 볼 때 르네상스호텔의 가장 큰 특징은 코어core를 중심으로 두 개의 '켜'로 보이도록 설계한 점이며, 저층부까지 합치면 세 개의 '켜'로 이뤄져 있는데 이것이 주변의 다른 건물로 이어지며 또 하나의 켜가 생긴다고 설명했다. 김수근의 제자들은 이렇게 스승의 철학을 이어가고자 했다.

르네상스호텔 바로 뒤편에는 김수근에 이어 그의 제자이며 건축설계회사 '공간空間'을 이끈 2대 대표 고故 장세양이 설계한 삼부오피스빌딩(1992년 준공)이 자리 잡고 있다. 또 언주로를 사이에 두고 바로 맞은편에는 승효상 대표가 설계한 서울상록회관(1991년 준공)이 마주보고 서 있다. 이들의 건축 양식은 르네상스호텔과 닮았다. 르네상스호텔만 보면 건축

왼쪽·· 상록회관. 김수근과 제자들의 작품이다.
오른쪽·· 상록회관 6층에서 바라본 르네상스호텔과 삼부오피스빌딩.

물이 제자리를 못 찾은 것처럼 보이지만 삼부오피스빌딩, 서울상록회관
과 함께 있는 모습을 보면 1980년대 후반 김수근과 그의 제자들이 꿈꿨
던 도시를 조금이나마 짐작할 수 있다.

올림픽 열리던 해 탄생, 한때 테헤란로 일대 가장 화려한 건물

르네상스호텔이 있는 테헤란로는 길이 4킬로미터·너비 50미터의 왕복
10차선 간선도로다. 이곳은 과거 중동 진출과 강남 개발 그리고 벤처 붐
을 상징하는 곳이다. 지금도 대기업 본사와 주요 기업들의 오피스빌딩들
이 몰려 있다. 테헤란로는 건물 하나, 골목길 하나도 치밀한 계산이 깔려
있는 듯한 느낌을 준다. 건축가 고故 정기용은 이런 테헤란로에 대해 크

고 작은 건물들이 마치 성장률을 나타내는 막대그래프처럼 들어서 있는 '독점 자본의 외딴섬'과 같은 곳이라고 표현했다.

하지만 르네상스호텔이 들어선 1980년대 후반만 하더라도 테헤란 로는 지금과 같은 모습이 아니었다. 올림픽이 열리던 해인 1988년. 올림 픽 개최를 불과 3개월여 앞두고 문을 연 지하 2층·지상 24층 규모의 르 네상스호텔은 당시 테헤란로 일대에서 가장 화려한 건물이었다. 또한 그 때까지 김수근이 설계한 건축물 중 가장 높은 층수를 가진 건물이었다.

이와 관련해 건축사무소 공간이 발간하는 월간지 〈공간〉 1986년 9월호에 실린 좌담회를 보면 승효상 대표의 흥미로운 발언이 나온다. 당 시 그는 한국건축사에서 김수근 선생만큼 사회 혹은 역사와 밀접한 관계 를 가진 사람은 없다면서, 특히 1980년대는 올림픽이라는 주제가 국가의 단기적 목표로 등장하면서 이와 연관된 건축을 포함해 사회 전반의 여러 분야에 여러 가지 형태로 영향을 미친 시기라고 말했다. 실제로 르네상스 호텔의 소유주인 삼부토건은 1981년 88서울올림픽 개최가 결정되던 바 로 그해에 약 1만6500제곱미터의 부지를 매입했고, 올림픽 개최에 맞춰 르네상스호텔을 개관해 큰 수익을 얻었다.

개발과 보존의 기로에 선 르네상스호텔

화려했던 과거를 자랑하던 르네상스호텔은 현재 위상이 많이 달라졌다. 김수근의 뜻과 달리 테헤란로를 상징하는 건축물로 남지 못했다. 테헤란로 일대에 특징 없는 직사각형 빌딩들이 대거 들어서면서 김수근이 고민했던 도시의 맥락이 끊겨버렸기 때문이다. 승효상 대표의 말을 빌리면 서울상록회관 준공 당시에는 테헤란로 대로변에 빌딩이 없었다. 그러나 이후에 들어선 빌딩들이 르네상스호텔, 삼부오피스빌딩, 서울상록회관과는 전혀 다른 모양으로 지어지면서 김수근이 꿈꿨던 도시의 맥락이 끊겨버렸다.

테헤란로에 고층 건물들이 속속 들어서기 시작하면서 현재 르네상스호텔은 주변과 어울리지 않는 퇴물 취급을 받고 있다. 심지어 모기업인 삼부토건의 경영난으로 인해 매각 상황에 놓여 있다. 이제 김수근의 르네상스호텔이 사라지는 것은 시간문제로 보인다. 이에 대해 승효상 대표는 사적 소유의 건물이기 때문에 이미 인허가가 난 건물을 보존하라고 고집을 피울 수는 없는 노릇이라면서도 강남 도시 개발을 상징하던 르네상스호텔의 역사성을 감안하지 않고 부수려고만 하는 현실이 아쉽다고 말했다.

김수근과 '강남 1980'

김수근이 세상을 떠난 1980년대는 올림픽이라는 국가적인 이벤트가 열리던 시기였다. 또 1968년에 착수된 '영동지구구획정리사업'에 의해 1970년대부터 본격적으로 개발이 시작된 강남도 서서히 윤곽이 잡혀가던 시기였다. 상대적으로 개발이 더뎠던 테헤란 업무 지구도 이때부터 본격적으로 개발이 시작됐다. 르네상스호텔을 비롯한 1980년대의 김수근

위·· 르네상스호텔 야외 테라스.
아래·· 르네상스호텔 로비.

작품에는 이 같은 급격한 사회 변화와 함께 김수근이라는 건축가의 개인적 변화가 영향을 미친 것으로 보인다.

월간지 〈공간〉 1986년 9월호에 실린 '김수근 건축의 사적 조명'을 주제로 한 좌담회에는 이 같은 변화가 잘 드러나 있다. 당시 건축가 장세양, 승효상, 이종호, 신언학 등이 이들의 스승 김수근의 1980년대 건축물을 대상으로 나눈 대화들을 살펴보면, 1980년대로 넘어오면서 김수근의 작품 세계에 변화가 있었다는 점을 대부분 인정한다. 특히 신언학은, 스승 김수근의 1970년대와 1980년대 작업이 변화했음을 지적하면서 1970년대가 어떤 개념을 세우고 그 개념에 충실했던 왕성한 실험의 시기였다면, 1980년대는 그런 구속들에서 벗어나고 싶어 하는 일종의 탈 개념의 경향을 보였다고 지적했다. 그러면서도 스승의 작품 세계에 대해 섣불리 단정짓는 것은 경계했다. 이후 김수근의 작품세계가 또 다른 변화로 이어지지 않고 멈춰버렸기 때문이다.

그러나 하나의 단서는 찾을 수 있을 것 같다. 1989년 이경성 김수근 문화재단 이사장은 김수근에 대해 "2005년까지 기획된 칼렌다(달력)을 인쇄해놓고 그것을 자기도 쓰고 남에게도 나눠준 미래지향적인 인간"이라고 표현했다.● 그렇다면 르네상스호텔은 미래지향적인 인간 김수근이 강남이라는 공간의 미래를 위해 남겨두고 떠난 건축물이 아닐까.

● 이경섭 저, 《좋은 길은 좁을수록 좋고, 나쁜 길은 넓을수록 좋다》, 김수근문화재단, 2016년.

캠퍼스 도시를 꿈꾸다
서대문 이화여대 ECC

서울 서대문구에 위치한 이화여대. 정문을 들어서면 여느 캠퍼스와 다를 것 없는 건물과 나무가 시야로 들어온다. 하지만 1분여만 걸어가면 마치 계곡과 같은 광장이 나타난다. 광장 끝에 있는 이화여대 본관을 바라보며 지하 보행로를 따라 내려가보면 유리로 된 벽이 양 옆으로 높이를 키워간다. 계곡 중앙의 평지까지 내려오면 양쪽의 유리벽과 경사로, 앞쪽에 위치한 130여 개 계단이 시야를 가득 채운다. 처음 방문한 사람들은 여기서부터 'ECC Ehwa Campus Complex(이화캠퍼스복합단지)'의 탐험을 시작한다. 2008년 옛 운동장 부지에 들어선 ECC는 프랑스 건축가 도미니크 페로Dominique Perrault의 작품이다. '캠퍼스와 도시의 조화'라는 화두를 던진 건물이기도 하다.

프랑스 건축가 도미니크 페로가 설계한 이화여대 ECC 전경. 축구장 8배 규모의 거대한 건축물이지만 지하 6층~지상 1층 등 건물 대부분이 지하에 자리 잡고 있는 것이 특징이다.

지하에 묻힌 축구장 8배 규모 거대한 캠퍼스

ECC는 총면적이 축구장의 8배에 달하는 거대한 건축물이다. 하지만 밖에서 보면 웅장함이 전혀 느껴지지 않는다. 건물 대부분이 지하에 자리 잡고 있어서다. 실제로 건물은 지하 6층~지상 1층으로 구성된다. 계곡 중앙광장을 통하면 지하 4층으로 들어갈 수 있다. 이곳엔 서점과 카페, 피트니스센터, 극장, 공연장 등 편의시설이 위치해 있다. 지하 3층부터 지하 1층까지는 학생들의 공간이다. 강의실과 자유열람실, 교수 연구실과 학교 사무실 등이 자리 잡고 있다. 나머지 지하 5과 지하 6층은 주차장이다.

　ECC는 국내 최대 규모 지하 캠퍼스라는 별칭이 있지만 지하라고 느껴지지 않을 만큼 실내가 밝다. '캠퍼스밸리(계곡)'라는 이름을 만들어 낸 거대한 유리계곡 덕분이다. 설계자 도미니크 페로는 이곳을 '빛의 폭포'라고 이름 붙였다. 빛의 폭포는 아침부터 저녁까지 햇빛을 지하 공간으로 받아들인다. 또 외부 유리벽을 지탱하고 있는 철판까지 빛을 반사해 낸다. 한쪽 구석에는 빛을 끌어들이기 위한 공간이 따로 마련돼 있는데, 바로 중앙 광장에서 동북쪽 모서리에 위치한 선큰가든(지하에 꾸민 정원)이다. 이 가든 내에 설치된 스테인레스스틸이 빛을 반사해 지하를 밝혀준다. 바닥에 얇게 깔린 물까지도 반사효과를 낸다. ECC 내부에서 이곳을 조망하는 소파는 쉬어가려는 학생들로 항상 만석이다.

위‥ ECC 계곡 내부의 유리와 이를 지탱하는 철판은 외부의 빛을 하루 종일 내부로 끌어들인다.
아래‥ ECC 모서리에 위치한 성큰가든은 빛을 반사해 내부로 쏘아준다. 이곳을 조망하는 소파는 항상 학생들로 차 있다.

조경이면서 풍경의 일부가 된 건축

ECC에서 유일한 지상 건축물은 선큰가든에 맞닿아 있는 엘리베이터 두 개다. 엘리베이터를 타고 1층으로 나오면 ECC의 옥상이자 정원으로 들어서게 되는데 이곳에 서면 시야가 확 트인다. 본관과 체육관, 중강당 등 학교 건물이 한눈에 들어오고, 정문 쪽으로 외부에 늘어선 건물들까지도 조망할 수 있다. 서울 시내에서 쉽게 누리기 힘든 지상 조망권이다. 건축이 조경의 역할을 하면서 풍경 속에 녹아든 덕분이다.

이는 철저히 건축가의 의도가 반영된 것이다. 이 건물을 설계한 도미니크 페로는, 백년의 전통을 지닌 이화여대의 수목과 고풍스러운 건물 그리고 지상의 자연을 훼손하지 않기 위해 계곡 좌우에 지하 여섯 개 층을 숨겼다. 이화여대의 목표도 같았다. ECC가 들어선 곳은 원래 운동장이었다. 2002년에 캠퍼스 개발 계획을 세우면서 캠퍼스의 자연 및 건물 보존과 캠퍼스 공간 확충이라는 두 마리 토끼를 잡기 위해 지하 캠퍼스를 구상했다. 2004년 국제현상설계공모를 진행했고, 도미니크 페로가 설계자로 낙점됐다.

당시 ECC 기획을 총괄한 강미선 이화여대 건축학과 교수는, 도미니크 페로의 계획안이 지하 공간의 채광을 잘 해결하고 단순한 공간 설계로 지하 건축에서 매우 중요한 방재와 피난의 측면도 제대로 갖췄다고 설명했다.

캠퍼스와 도시의 조화를 시도하다

ECC는 도시공학 측면에서도 의미가 있다. 대학 캠퍼스와 주변 도시 공간과의 관계성을 고민하고 화두를 던진 첫 대학 건축으로 평가되고 있기 때문이다. 우선 ECC는 외부인들을 학교 내부로 끌어들였다는 점에서 성공한 모습이다. 강의와 사무를 위한 공간을 제외하면 외부인들이 마음껏 구경하고 사진을 찍고 캠퍼스를 즐길 수 있다. 지하 4층의 카페와 극장 등 편의시설은 학생들을 위한 것이기도 하지만 학교를 방문한 외부인들을 위한 것이기도 하다.

한편으로 ECC가 자족성이 강한 시설이다 보니 캠퍼스 주변 도시 공간과의 교류나 소통은 부족하다는 지적도 나오기는 하지만 현실적으로 볼 때 국내 대학 캠퍼스가 외국의 대학처럼 주변 도시와 조화를 이루기는 아직 어려운 분위기다. 유현준 홍익대 건축학부 교수는, 미국의 오래된 대학들은 건물을 한두 개씩 짓다 보니 도시 곳곳에 건물들이 분산돼 있는 경우가 많아 주변과의 조화가 자연스럽게 이루어지지만 한국의 대학은 출발점이 다르기 때문에 모두 담장을 친 단지로 만들어졌고, 이로 인해 외부로의 공간적 확장이 쉽지 않다고 설명했다.

전문가들은 캠퍼스와 도시의 관계 맺음에 대한 고민이 계속돼야 한다고 강조한다. 이경훈 국민대 건축학과 교수는, 대학 사무실과 기숙사 등을 학교 외부에 마련하는 등 기존 도시 공간으로 진출할 필요가 있다고 지적한다. 그런 면에서 이화여대 기숙사가 외부와 맞닿은 캠퍼스 모서리에 자리를 잡은 것은 매우 의미가 있다고 말했다.

ECC는 지하에 몸을 숨기면서 지상의 풍경을 살려냈다. 멀리 캠퍼스 외부의 건물들이 보인다.

친환경 기술을 백분 활용한 지하 건축물

친환경 기술이 백분 활용된 것은 이 지하 건축물의 백미다. 먼저 땅과 건물 외벽 사이에 1미터의 공간을 두어 '열 미로thermal labyrinth'를 확보했다. 이는 외벽을 통과하는 열이 이동할 수 있어 외부 공기가 예열·냉각되도록 설계하고 지열에너지를 냉원과 열원으로 활용하는 시스템이다. 지하 공간이 지상보다 온도가 일정하다는 점에서 착안했다. 이에 따라 외부 공기는 내부로 유입되기 전에 열 미로를 지나면서 여름엔 식혀지고 겨울엔 덥혀진다.

ECC가 들어선 지하에서 나오는 지하수도 냉난방에 활용된다. 천장에 깔린 파이프에 지하수를 흘러보내 일종의 라디에이터 역할을 하도록 한 것이다. 도미니크 페로는 열 미로와 지하수가 냉난방에 필요한 에너지의 70~80퍼센트를 감당한다고 설명한다. 강미선 교수도 "도미니크 페로는 이 건축물에 친환경 기술을 적용하기 위해 독일의 유명한 전문가를 대동했다. 이는 국내 친환경 건축 중에서도 상당히 선진적이고 선도적인 기술이었다"고 말했다.

지하세계에서는 친환경적인 ECC가 지상에서는 자연에 푹 스며든다. 계곡 외부에서 ECC를 바라보면 그저 정원 하부 건축물 또는 풍경의 일부로 보일 뿐이다. 이런 설계는 "자연을 깎거나 다듬기보다는 살리겠다"는 철학을 가진 건축가의 소망으로 이루어졌다. 도미니크 페로는 "ECC가 건축물로서의 존재감은 더 사라지고 그 자체가 자연이 되길 바란다"고 말했다.

북한산과 한 몸처럼

평창동 오보에힐스

"나는 풍토·경치·지역의 문맥 속에서 어떻게 본질을 뽑아내 건축에 스며들게 할지를 생각한다. 조형은 자연과 대립하면서도 조화를 추구해야 하고, 공간과 사람·자신과 타인을 잇는 소통과 관계의 촉매제여야 한다."•

2001년 제주 포도호텔로 세계적 명성을 얻은 재일교포 출신 한국 건축가 고故 이타미 준(한국 이름 유동룡, 1937~2011년)이 한 말이다. 그는 돌과 흙·나무·쇠 같은 자연 소재와 색, 빛을 기초로 한 건축 작품으로 '현대미술과 건축을 아우르는 작가'로 평가받는다. 건물 자체

• 이타미 준 저, 《손의 흔적: 돌과 바람의 조형》, 미세움, 2014년.

오보에힐스는 완만한 S자 형태로 단지를 가로지르는 도로를 따라 18가구가 자리 잡고 있다. 건물 지붕에는 금속 재질로 윤곽선을 넣었고 2층 테라스 출입구 벽면은 나무로 처리했다. 최대한 자연을 집 안으로 끌어들이려 베란다 마루(데크)에 구멍을 내면서까지 기존 녹지의 소나무를 보존했다.

가 조형예술인 제주도 '수풍석水風石미술관' 같은 작품이 있는가 하면, 말년에는 고급 타운하우스인 '용인 아펠바움', '평창동 오보에힐스' 같은 건축물도 적극적으로 설계했다. 이들 작품 중 이타미 준이 작고하기 바로 한 해 전인 2010년에 완성된 평창동 오보에힐스는 도심 속에 위치해 있으면서도 자연과의 조화를 잃지 않은 고품격 주거단지로 손꼽히는 작품이다.

산 능선에 순응하는 '하얀 상자'

서울의 부촌하면 전통적으로는 한남동·동부이촌동·평창동, 신흥 부촌으로는 방배동·청담동 등지를 떠올린다. 강가에 집중된 다른 부촌들과 달리 평창동은 가파른 산 능선에 걸쳐 있다. 그것도 악산, 즉 나무보다 바위가 많고 경사도 가팔라 강한 기운을 내뿜는 곳이다. 북악스카이웨이를 따라 반대편 산 정상에 있는 팔각정에서 보면 더욱 그렇다. 정치인이나 예술가, 무속인 같은 강골들이나 지세에 눌리지 않고 산다는 말도 나올 정도다.

　광화문에서 자하문터널과 상명대를 거쳐 세검정로가 끝나는 삼거리를 지나면 평창동이 시작된다. 다시 평창문화로 큰길에서 300미터 남짓 들어가면 경사가 급해지는데 여기서부터 '오보에힐스' 단지가 시작된다. 뱀처럼 미끄러지듯 완만한 S자를 그리며 가파르게 오르는 도로를 따라 네 개의 모둠, 분양면적 기준 454~482제곱미터 크기의 집 18가구가 시야로 들어온다. 가구당 최대 189제곱미터의 마당과 90제곱미터의 테라스, 엘리베이터와 네다섯 대 규모의 전용 주차장을 갖춘 이곳은 당시 30억 원에서 46억 원에 분양됐다.

"주위 환경과 땅의 영기를 담은 하얀 상자 형태가 중첩되는 건축을 떠올리며 옥상에 녹지를 계획하여 자연과 건축의 일체화를 도모하는 동시에 단지 전체의 여백을 살리려는 의도도 있었다."*

멀리서는 몰랐지만 걸어 올라가며 들여다보이는 오보에힐스는 주변과 뚜렷하게 차이 나는 '화이트 큐브' 형태였다. 유달리 주변과의 조화를 강조하는 세계적인 건축가 이타미 준의 작품으로는 뜻밖이라는 느낌이 들었다. 단 한 채만 지어진 맨 위에서 내려다보니 마음이 좀 편해졌다. 영하 14도의 한파에도 지붕 위 잔디(세덤)가 누릇누릇 풀빛을 내고, 산 능선을 그대로 반영한 지붕 선이 드러난 덕분이다.

이타미 준과 함께 기본 설계를 진행했던 딸 유이화 ITM건축설계사무소 대표는 처음에 건축 예정지를 봤을 때의 난감함을 잘 기억하고 있었다. 가파른 지형의 풍경 속에 익히 알고 있던 부촌 평창동의 이미지가 겹쳐 따라왔던 것이다. 두 사람은 수차례 평창동을 다녀오고 나서야 겨우 기본 콘셉트를 정할 수 있었다. 주변과의 조화를 생각해야 했으므로 가파른 절벽처럼 느껴지는 지형에 순응하는 박스 형태가 제격이라고 생각했다. 심플하고 모던하게 그리고 튀는 건축물이라는 느낌이 전혀 들지 않도록, 최대한 시끄럽지 않게 하는 꾸미는 게 중요했다. 지붕 위는 윗집서 내

● 이타미 준 저, 《손의 흔적: 돌과 바람의 조형》, 미세움, 2014년.

오보에힐스는 기본적으로 '화이트 박스'를 반복적으로 적용하지만 디테일은 지루하지 않게 살린 것이 특징이다.

려다보면 정원처럼 보이게 했다. 산 능선이면서도 녹지가 보이지 않는 동네에 녹색을 강조하는 느낌으로 설계를 해나갔다.

단순하지만 지루하지 않게, 디테일을 잃지 않았다

건축 의도답게 건물의 전체 윤곽은 단순함을 지향했지만 디테일함은 잃지 않았다. 외부 벽면을 덮은 라임스톤(석회암)은 드물지 않은 소재이지만, 그 사이사이를 실리콘이 아닌 줄눈 '열린 이음open joint 방식'(실링재에 의존하지 않고 빗물의 침입을 방지하도록 고려된 이음 방법)으로 처리했다. 이렇게 처리할 경우 석재 이음새가 다 드러나기 때문에 정밀한 가공이 필요해 시공비가 올라가지만, 통풍이 원활해 습기나 결로가 현저하게 줄어든다.

일반적으로 건축물 마감재 시공 때는 내·외부 할 것 없이 비용이 저렴한 실리콘(코킹) 마감을 선호하는데 이렇게 하지 않을 경우 최대한 정밀하게 자재를 가공하고 시공해야 한다. 오보에힐스는 이런 이유로 외벽과 내부 인테리어를 할 때 재시공하는 경우가 다른 곳보다 훨씬 많았다고 한다.

건물 지붕에는 금속 재질로 윤곽선을 넣었고, 2층 테라스 출입구 벽면은 나무로 처리했다. 최대한 자연을 살리고 집 안으로 끌어들이기 위해 베란다 마루(데크)에 구멍을 내면서까지 기존 녹지의 소나무를 보존했다. 특히 건축가가 고민이 많았던 부분은 주택과 주변 도로를 가르는 담장의 디자인이었다. 인근 빌라들의 4~5미터 성벽 같은 담장이 아닌, 길을 지나는 주민들이 조금이라도 골목을 걷는 정취를 느낄 수 있도록 설계를 했다.

그 결과 가파른 길을 지나며 슬쩍슬쩍 올려다볼 수 있는 담장이 됐다. 거주자보다 동네 사람들이 온기를 느낄 수 있는 담장을 만들기 위해 소재도 특별히 제주 화산석-붉은 벽돌-황토 흙벽 3단으로 쌓아 지루함을 덜어냈다.

무난한 이웃집, 눈에 띄지 않는 화려함과 차별화

건축주, 시공자 모두 건물에 대한 욕심은 비슷하다. 그 동네에서 가장 눈에 띄고 건축적으로 유의미한 랜드마크를 원하는 건 모두 마찬가지다. 기왕 '최고급 타운하우스'라는 간판을 걸 생각이었다면, 오보에힐스도 설계와 시공 기간 내내 그런 유혹에 노출됐을 것이다. 하지만 고급 주택지로는 드문 지형 조건에 강한 개성을 가진 사람들이 살아가는 이곳 평창동에서 오보에힐스는 오히려 무난한 이웃집이다. 설계자가 제주도에서 만든 고급 주택인 '비오토피아'에서도 보여줬던 화이트 박스를 다시 한 번 차용했지만 건물은 산세에 맞춰 바짝 낮췄다. 최대한 튀지 않는 건물 외벽과 이웃들이 걷는 골목길을 배려한 담장의 디자인, 녹지와 지형을 최대한 살려 집 안으로 끌어들인 덕분이다.

그 대신 내밀한 개인 공간에서는 한껏 욕심을 부렸다. 고급 타운하우스답게 자재와 마감을 차별화하고, 전반적인 건물 평면과 밀도, 심지어는 창 방향과 크기까지 설계와 인테리어 부서가 끊임없이 도면을 수정하면서 작업을 진행됐다. 사람들은 오보에힐스의 내부를 둘러보다 대부분 히노키(편백나무) 욕조 등 호화로운 설비에 놀라지만 너무 자연스러워서 쉽게 눈에 띄지 않는 곳에도 놀랄 만한 소재들이 많다. 벽면을 칠한 재료는 일반 도료보다 몇 배 비싸지만 습기를 머금고 뿜어내는 흙도장이고, 가파른 원목 계단에는 거친 질감의 고급 카펫 싸이잘이 깔렸다.

특히 테이블과 벽지, 문고리, 주방·거실 전등은 한정 수량만 주문 제작해 오보에힐스에서만 볼 수 있도록 했다. 침실 벽면은 전주에서 공수

평창동의 수려한 전망이 한눈에 들어오는 테라스.

해온 한지 소재의 섬유를 나주 천연염색 공장에서 쑥으로 염색한 벽지로 마감했다. 벽지의 포도 문양은 유이화 대표가 국립중앙박물관에서 본 철화자기의 문양을 직접 디자인한 것이다. 유이화 대표가 그림에 낙관 찍듯 자신이 설계한 집마다 꼭 설치한다는 대나무 형상의 문고리, 테이블 다리도 직접 공장에 주문해 소량 제작한 자재들이다. 화려한 크리스털로 장식된 전등 역시 그가 신뢰하는 공장에 맡겨 전용번호까지 매겨 출고시킨 제품이다.

건축가 이타미 준

"설계 이전에 땅의 맥락을 읽으려 노력했다"

"아버지의 작품은 오브제 같은 조형성이 워낙 강해 형태에만 집착하는 '조형가'라는 평가를 하는 사람도 있습니다. 하지만 아버지는 형태 이전에 '컨텍스트(맥락)'를 읽으려고 노력했죠. 건축물을 지으려면 그 건축물이 대지에 뿌리내려야 하고, 그 환경의 영양분을 받고 자랄 수 있는 에너지를 가져야 한다고 늘 말했습니다. 그 땅의 맥락을 읽고 환경을 알아야 비로소 설계할 수 있다고 했죠. 그 맥락에서 자신의 아이디어를 건축물에 넣는 것이고 그다음이 형태라고요."

서울 방배동에서 ITM유이화건축사무소를 운영하고 있는 유이화 대표는 아버지 이타미 준의 작품을 볼 때 그런 탐색과 고민의 과정을 함께 봐달라고 주문한다. 아버지의 대표작 중 하나인 제주 포도호텔이 한창 건설 중이던 지난 2001년부터 10여 년간 설계 작업을 함께한 그다. 일제강점기 때 일본으로 넘어간 부모 아래서 태어난 이타미 준은 대학을 졸업하고 건축사사무소를 차린 1968년 무렵부터 한국을 드나들며 한국 민화와 고건축에 빠졌다. 전국 답사여행 끝에 1981년 《이조의 건축》 등 세 권의 책을 연달아

펴내며 일본에 한국 고건축을 알렸다.

1988년에는 방배동의 아틀리에 '각인의 탑'을 설계하며 한국 건축계의 관심을 받았고 1998년 제주도 핀크스 클럽하우스에 이어 2001년 포도호텔을 선보이며 세계적인 명성을 얻었다. 이를 계기로 프랑스 국립미술관인 기메박물관에서 건축가로서는 처음으로 개인전을 열고 2005년에는 프랑스 문화예술훈장인 슈발리에훈장을 받았다. 2006년과 2010년에는 각각 한국과 일본의 대표적 건축상인 '김수근상'과 '무라노 도고상'도 받았다. 수풍석미술관·두손미술관·방주교회가 그의 대표적인 작품이다. 그는 서원 골프클럽하우스를 사실상 유작으로 남기고 2011년 별세했다.

이렇듯 한국과 일본 해외에서 두루 인정받은 이타미 준이지만 유이화 대표는 한국 건축계에 서운한 감정을 갖고 있다. 1988년 이래 한국을 중심으로 활동해왔음에도 일본 건축가 취급을 받기 때문이다. "10여 년전 프랑스 훈장을 받으며 수상 소감에서 후배들을 위해 받는 것이나 다름없다고 말할 정도로 한국에 대한 애정이 깊었습니다. 하지만 어느 누구 하나 추모하는 움직임이 없다는 게 실망스럽습니다."

대학 캠퍼스 건물이 달라진다
상도동 숭실대 학생회관

숭실대 학생회관의 모습은 숭실대 중문으로 들어서 몇 걸음 떼자마자 눈에 들어왔다. 외부에서 볼 때는 그저 2층의 아담한 규모의 건축물이다. 그러나 막상 건물 앞에 도착해서 보면 멀리서 봤던 외형과는 전혀 다른 모습의 학생회관을 마주하게 된다. 건물 대부분이 광장 아래에 잠겨 있듯 위치해 있어 중문 쪽에서는 빙산의 일각만 보이기 때문이다. 2011년 새롭게 들어선 학생회관은 독특한 설계로 주변 건물들과 조화를 이뤄내며 숭실대의 중심으로 자리 잡고 있다. 출입구만 25개 이상인 이 건물은 대학 캠퍼스 건물의 새로운 유형을 제시했다는 평가를 받고 있다.

숭실대 중문 쪽에서 학생회관 정문을 바라보면 1~2층 정도의 작은 규모로 보인다. 하지만 가까이
서 확인하면 광장 밑으로 숨어 있던 지하 2층~지상 5층 규모의 건물이 모습을 드러낸다.

어둡고 칙칙했던 학생회관의 새로운 탄생

기존에 학생들이 사용하던 학생회관은 정문 바로 옆에 위치했다. 현재는 미래관이라는 이름으로 리모델링했지만 당시에는 너무 낡은 탓에 차갑고 어두운 분위기가 가득했다. 학생들은 건물이 낡아서 전체적으로 분위기가 축 처져 있었으며 내부의 벽까지 어두운 색으로 칠해져 있어 칙칙한 분위기에 한몫했다고 말했다.

새로운 학생회관은 숭실대 대운동장 주변의 노후화된 스탠드를 철거한 자리에 들어섰다. 그런데 당시 건물이 들어서야 할 대지가 중앙광장보다 약 12미터 정도 낮은 곳에 있는데다 땅 넓이에 비해 예정된 건물의 총면적이 2만 제곱미터에 달해 전체 캠퍼스에 큰 영향을 줄 수밖에 없는 상황이었다. 설계자는 건물의 크기에 만족했다. 다만 주변 영향을 최소화하기 위해 고민했고 그 결과 '낮고 넓게 펼쳐진' 현재의 숭실대 학생회관이 탄생하게 됐다.

숭실대 학생회관을 설계한 최문규 연세대 건축공학과 교수는 학생회관에 들어설 공간을 동아리실과 그 외의 기능, 크게 두 개의 영역으로 나눈 뒤 기능적이고 유기적인 평면적, 단면적 배치를 통해 전체 건물의 실들을 구성했으며 그렇게 평면을 만든 덕분에 크기와 모양이 서로 다른 각 공간의 요구를 만족시킬 수 있었다고 설명했다.

위·· 학생회관이 들어선 대지는 중앙광장보다 약 12미터 낮은 곳에 위치한다. 설계자는 주변 건물의 채광과 환기, 전경에 미치는 영향을 최소화하기 위해 낮고 넓게 건물을 설계했다.
아래·· 숭실대 학생회관은 천장 높이가 달라 어쩔 수 없이 생겨난 경사와 빈 공간을 이동 통로와 발코니로 사용하고 있다.

주변과의 조화, 공간 쾌적성까지 확보

현재의 학생회관은 대지가 광장보다 낮고 총면적이 넓다는 한계에도 불구하고 주변 건물과의 조화를 이뤄냈다. 지하 2층에서 지상 5층 규모인 건물의 3층까지 광장 아래(지하)에 지으면서 외부에 노출되는 규모를 최소화했고 그 결과 다른 건물들의 조망과 채광을 가리지 않았다.

내부 공간의 쾌적성을 확보하는 데에도 성공했다. 절반 이상 규모의 건물이 땅에 묻힌 듯 위치한 탓에 자칫 과거의 학생회관과 다를 게 없는 어두운 공간이 될 수도 있었다. 하지만 설계자는 토지를 100퍼센트 이용하는 것을 포기하고 건물 동쪽과 남쪽에 삼각형 모양의 빈 공간을 마련했다. 이 공간을 통해 광장 밑 건물 내부로 사방에서 빛이 들어오게 하고 자연스럽게 환기까지 해결한 것이다. 학생회관 건물을 가로지르는 중앙 광장에서 운동장까지 연결되는 가운데 계단 또한 건물의 채광과 환기를 돕고 있다.

특성상 여러 목적의 공간들이 들어서야 했던 문제 또한 유기적으로 해결했다. 이 건물에는 큰 식당 세 개와 매점, 200석 규모의 극장, 행정시설, 80개에 달하는 동아리방 등이 포함됐기 때문에 목적에 따라 서로 다른 면적과 높이를 요구했다. 따라서 모두 같은 높이를 갖는 하나의 공간으로 해결하는 것이 불가능했다. 이를 해결하기 위해 건물 각층이 경사로로 이어지도록 설계하고 곳곳에 발코니를 설치했다. 공간 용도에 따라 천장 높이가 달라 어쩔 수 없이 생겨난 경사와 빈 공간을 이동 통로와 발코니로 사용한 것이다.

설계자는 토지를 100퍼센트 이용하는 것을 포기하고 건물 동쪽과 남쪽에 삼각형 모양의 빈 공간을 뒀다. 덕분에 광장 밑의 건물 내부에서도 채광과 환기가 가능해졌다.

학생들의 중심 동선으로 거듭나다

숭실대 학생회관은 이제 학생들이 학교 구석구석으로 향할 수 있는 일종의 거점으로 거듭나고 있다. 이를 가능하게 한 것은 내·외부의 구분이 명확하지 않다는 특징 때문이다. 학생회관을 걷다 보면 건물 안과 밖의 경계가 모호할 정도로 연결이 자연스럽다. 곳곳에 만들어진 발코니와 데크

가 외부 공간으로의 연결선을 만들어주고 있기 때문이다. 이로 인해 학생
회관에는 내·외부를 잇는 출입구만 25개가 넘는다. 이 출입구들이 학교
전체 공간으로 향할 수 있는 통로 역할을 해주고 있는 것이다.

　이뿐 아니라 학생들을 한 곳으로 모아주는 구심점 역할도 하고 있
다. 학생들은 옥상이나 건물 곳곳에 위치한 발코니 등에 모여 담소를 나누
거나 휴식을 취한다. 반투명 유리를 통해 복도에서 훤히 보이는 2층의 동
아리방은 과거 폐쇄적이었던 분위기를 찾아볼 수 없다. 3층 식당도 언제
나 학생들로 북적이는 공간이다. 널찍한 유리창을 통해 빛이 항상 환하게
들어오기 때문에 토론이나 조모임 장소로 활용되고 있다. 학생회관이 새
로 지어진 후 학교생활의 절반 이상을 이곳에서 보내는 학생들이 많아졌
다. 새롭게 거듭난 건물 하나가 학교 전체 분위기를 바꿔가고 있는 것이다.

최문규 연세대 건축공학과 교수
"학생과 교직원이 어우러질 수 있는 공간을 꿈꾸다"

"개인적으로 좋은 건축사는 좋은 건물을 설계하고 또 만들
어내야 한다고 생각합니다. 멋진 건물을 설계하면서 도시
속에 자유롭게 열린 좋은 공간을 만들고 주변의 도시를 조
금이라도 변화시킬 수 있도록 해야 합니다."

최문규 교수는 도시 공간 속에서 건축물의 역할을 묻는 질

문에 이렇게 답했다. 건물에 대한 그의 철학은 숭실대 학생회관을 설계할 때도 그대로 적용됐다. 그는 학생회관이 단순한 건물이 아닌 학생들과 교직원들이 어우러질 수 있는 공간으로 활용되길 기대했다. 그래서 주변 건물에 대한 존중과 배려를 바탕으로 건물의 크기와 모양, 배치를 결정했다. 특히 건물 내부에 식당·동아리방·극장 등 여러 목적을 가진 공간들이 공존하기 때문에 유기적으로 잘 연결돼 학생들과 교직원들이 자유롭게 만나는 장소가 되길 바랐다.

최문규 교수의 바람은 현실이 됐다. 학생회관이 준공된 후 여러 사람들이 어우러지는 공간으로서의 역할을 충실히 하고 있기 때문이다. 학생회관에 25개가 넘는 출입구를 설계한 것도 이런 이유에서였다. 그는 "건물의 곳곳에서 내·외부로 출입을 가능하게 해줄 수 있는 다양한 크기와 모양의 외부 공간을 계획했는데, 결과적으로 건물이 만들어진 후 가장 만족스러운 공간들이 됐다"고 말했다.

물론 아쉬움도 있다. 어떤 건축물도 설계자와 시공자, 건축주의 요구를 완벽하게 충족시키지는 못하기 때문이다. 최문규 교수는 "오랜 시간 공들인 건물이지만 사용자들이 좀 더 적극적으로 사용했으면 하는 공간들이 많이 남아 있다. 아직 공간 활용이 완벽하게 되고 있지는 않지만 시간이 지나면 자연스럽게 해결될 수 있을 것"이라고 기대했다.

제주의 자연을 끌어들이다
서귀포 파우제 인 제주

말쑥하게 정장을 차려입은 수십 명의 신사가 주택가에 차렷 자세로 서 있다. 하지만 서 있는 장소가 기묘하다. 건물 옥상에, 2층 앞쪽에 혹은 하늘 위에 중절모를 쓴 남성들이 빼곡하게 차 있다. 이 그림은 르네 마그리트의 〈겨울비〉다. 마그리트는 주변의 일상들을 사실적으로 묘사하는 듯하면서 모순·역설의 알레고리로 비틀어 표현하는 작가다. 그래서 그의 그림은 상식과 논리를 뛰어넘는 일탈의 세계를 보여준다. 제주 서귀포시 토평동 중산간 지대에 위치한 '파우제 인 제주'는 마그리트가 만들어내는 '낯섦'을 모티브로 하고 있다. 사업 시행사 임영우 대표는 방문객들에게 익숙하지 않은 경험을 제공해줄 수 있는 공간으로 만들기 위해 노력했다고 밝혔다.

주거동인 마운틴블록과 오션블록 건물의 앞뒤를 모두 통유리창으로 설계해 한라산과 바다 조망권
을 극대화했다.

낯선 편안함을 만들어내는 레지던스형 임대주택 단지

파우제 인 제주는 마운틴블록, 오션블록, 커뮤니티센터, 아트파우제의 네 개 블록 376가구로 이뤄진 레지던스형 임대주택 단지다. 이 중 주거동인 마운틴블록과 오션블록은 모든 건물이 네모반듯한 형태로 곡선과 직선, 경사로가 불규칙하게 얽힌 땅의 모양과 대비를 이룬다. 주거동은 일반주택과 달라 낯설면서도 또 다른 편안함을 제공하고 있다. 전용면적 26.13제곱미터인 C타입의 경우 현관 앞쪽 주방에서 반대편 침실로 이동하려면 가운데 놓인 두세 개의 계단을 밟고 내려가야 한다. 이는 수평적 공간에 익숙한 사람들에게 수직적 공간 이동을 하는 낯선 재미를 제공한다.

전용면적 49.42제곱미터의 D타입은 발코니가 앞쪽 방으로 자연스럽게 연결되고 그 방이 곧 주방이 되는 등 각 요소가 기능적으로 공존하는 모습을 보인다. 주방은 방문객들이 대부분 휴식을 목적으로 방문한다는 점을 감안해 디자인됐다. 인테리어 디자인을 맡은 박화연 바이스텔라 대표는, 안으로 들어가자마자 아일랜드 식탁 등 주방 시설이 보이는 이곳을 밥을 해먹는 공간이라기보다는 차 한 잔 할 수 있는 바의 개념으로 생각하는 것이 방문객들의 패턴에 더 적합하다고 판단했다고 설명했다.

설계 1순위는 자연 조망을 살리는 것

파우제 인 제주는 북쪽으로는 한라산을, 남쪽으로는 바다를 볼 수 있는 위치에 자리 잡고 있다. 특히 이곳에서 바라보는 한라산은 제주 지역 사

파우제 인 제주 방문객들을 가장 먼저 맞는 것은 전시회가 진행 중인 '아트파우제'다.

람들이 가장 아름답다고 여기는 곳으로 여인의 얼굴 곡선 형태를 닮았다. 따라서 파우제 인 제주 설계의 첫 번째 목적은 이러한 조망을 최대한 살리는 것이었다. 마운틴블록과 오션블록 전체에 통유리창을 앞뒤로 낸 것은 한라산과 바다 조망을 동시에 누릴 수 있도록 하기 위해서였다. 박화연 대표는 조망권을 최대한 해치지 않기 위해 화장실을 아예 중앙에 놓거나 욕조가 들어간 욕실도 통유리창 구조로 만들었다고 설명했다.

　커뮤니티센터 역시 조망이 중점적으로 고려됐다. 전체가 유리창으로 설계돼 3층에서 한라산과 바다를 모두 바라볼 수 있다. 특히 직사각형 형태로 정적인 느낌을 주는 주거동과 달리 대지의 흐름에 맞춰 부드러운 '디귿(ㄷ)'자 형태로 건물이 지어져 양쪽 끝부분에서 반대편 내부를 조망하는 것도 가능하다. 커뮤니티센터 설계를 담당한 이경락 아뜰리에17 대표는, 건물이 마당을 중심으로 감싸 안는 형태여서 안정적인 느낌을 주는 데다 단지 내·외부 조망도 가능하다고 말했다.

커뮤니티센터 앞쪽에 자리 잡은 '빌레'는 건축주와 설계자 모두 보존해야 한다는 의견이었다. 빌레는 넓은 바위를 의미하는 제주 방언인데, 건축주가 약 8년간 거주하면서 직접 가꾼 현무암 빌레 정원은 파우제 인 제주에서 방문객들을 위한 공간으로 유지될 수 있었다. 이경락 대표는 설계를 위해 이곳을 처음 찾았을 때 자연환경이 잘 갖춰져 있어 최대한 훼손하지 않으려 했다고 말했다. 그는 현무암 빌레가 전체 단지의 정원 역할을 톡톡히 해낼 것이라고 믿었다.

세상에 없던 13월의 휴가

여행 문화가 유명 관광지 몇 군데를 둘러보는 패턴에서 여행지 주민으로 살아보는 체험으로 바뀌면서 파우제 인 제주 역시 '13월의 휴가'를 내걸고 한 달 이상의 장기 임대 위주로 운영되고 있다. 현지의 일상을 느긋하게 경험해볼 수 있는 공간을 제공하고 있는 셈이다. 실제로 방문객들은 널리 알려진 관광지 대신 이곳에서의 일상을 즐긴다. 건물 안에서 오전시

조망을 살린 휴식공간을 만들기 위해 통유리를 배치했다.

간을 여유롭게 보내다가 인근 한라산 둘레길을 한가하게 산책하고 내려
오는 등 기존 여행 패턴과는 분명히 다른 변화가 최근 일어나고 있는 것
이다.

장기임대를 원하는 수요는 점점 늘어나는데 이들을 대상으로 맞춤
형 서비스까지 제공하는 임대주택은 없었던 상황에서 파우제 인 제주가
처음으로 장기임대를 위한 서비스·시설을 갖추기 시작했다. 반려동물도
함께 거주할 수 있는 전용동도 마련했으며 스포츠·레저를 즐기기 위해
방문한 사람들을 위한 편의시설도 제공하고 있다.

파우제 인 제주를 만든 사람들

"가장 제주다운 곳에 들어선 가장 도시적인 건축물"

"사람이 중심이 되는 공간을 만드는 것이 중요합니다."

이경락 아뜰리에17 대표가 건축물 설계를 할 때마다 가장 중점에 두는 것은 '사람'이다. 화려한 건물보다는 건축물을 직접 이용하는 사람들을 편안하게 해주는 공간을 만드는 것이 더 중요하다는 의미다. '파우제 인 제주'는 휴식을 위해 제주도를 방문한 사람들이 오래 머무르고 싶은 곳으로 만드는 데 초점을 맞췄다.

이를 위해 바깥마당에서 1층 문을 거치지 않고 아트파우제 건물 지하로 자연스럽게 내려갈 수 있는 낮은 경사로를 만드는 등 이용자들의 동선까지도 신경을 썼다. 커뮤니티센터를 배치할 때도 사람들이 편안함을 느낄 수 있는 최적의 위치를 고민했다. 전체적으로 단지가 조밀하게 구성돼 있어 커뮤니티센터는 가능한 한 뒤쪽으로 배치했으며, 건물 앞으로는 빌레(너럭바위) 정원을 이용한 빈 공간을 만들어 자연과 잘 어울리면서도 편안한 느낌을 줄 수 있도록 배려했다.

이경락 대표는 주로 건축물의 외형을 담당했고 전체적인 건물 이미지는 박화연 바이스텔라 대표의 손끝에서 만들어졌다. 인테리어 디자이너인 박화연 대표는 내부 공간의 장식을 넘어 가치를 부여해주는 브랜딩 작업까지 함께 담당했다. 브랜딩을 기반으로 기본 방향을 설정하고 이에 적합한 디자인을 창출하는 것이 박화연 대표의 역할이었다.

파우제 인 제주를 "가장 제주다운 곳에 들어선 가장 도시적인 건축물"이라고 평가하는 박화연 대표는 건물 자체가 이미 도시적이기 때문에 공간마다 감성을 녹여낼 수 있는 디자인을 고민했다. 파우제 인 제주의 상징인 지팡이를 짚고 어딘가 걸터앉아 휴식을 취하는 인물 그림은 이 과정에서 탄생했다. 내부 인테리어 소품 역시 방문객들의 감성을 자극할 수 있는 것들로 마련해 운영하고 있다.

좋은 건축은 풍경을 바꾼다
부산 S주택

부산 남쪽 끝자락에 위치한 강서구 신호동. 단독주택지 중에서도 다대포 해변에 인접한 부지에 한 주택이 자리 잡고 있다. 바닷가 산책로로 가는 길에 있는 이 주택은 하얀색 벽면과 파란색의 길고 넓은 창문으로 산책객들의 시선을 끈다. 특히 땅거미가 질 무렵부터는 은은한 노란빛으로 우아함을 뽐낸다. 바로 '부산 S주택'이다.

이 주택이 지어진 부산 강서구 신호동은 지역적 맥락이 복잡한 곳이다. 북쪽은 삼성 르노자동차 공장이 들어선 공업 지역이지만 남쪽으로는 그림 같은 바다와 소나무숲에 둘러싸인 산책로가 조성돼 있고, 동쪽은 원시림이 우거진 개발제한구역이다. 부산 S주택은 좋은 건축이 주변 풍경을 어떻게 바꿀 수 있는지를 잘 보여주는 작품이다.

북동쪽에서 본 부산 S주택. 하나의 멋진 건축물이 주변 풍경을 바꿀 수 있다는 건축주의 의도가 반영된 작품이다.

주변 풍경을 바꾸는 좋은 건축

부산 S주택이 자리 잡은 곳은 해변 인근이지만 산업단지와도 가까운 곳이다. 산업단지와 인접한 지역에는 좋은 건물들이 들어서기가 쉽지 않다. 소위 '집장사'들이 경제적 이해타산으로 공장 근로자들이 사용하기 좋은 원룸들만 지어대기 때문이다. 하지만 S주택 건축주의 생각은 달랐다. 이 지역의 뛰어난 자연환경을 고려했을 때 '하나의 멋진 건축물'이 들어서면 더 많은 매력적인 건축물들이 지어지면서 주변 풍경이 달라질 것이라고 생각했다. 실제로 하나의 좋은 건물이 주변 풍경을 바꾸는 경우를 종종 볼 수 있다. 좋은 건축물이 이후에 들어설 건축물에게 영향을 주면서 변화를 가져오기 때문이다. 이에 따라 살기 좋은 지역과 살고 싶은 도시에는 좋은 건축이 기본 단위가 된다.

부산 S주택을 설계한 황준 황준도시건축사사무소장은, 이와 같은 하나의 작은 시도가 주변은 물론 한 도시까지 바꿀 수 있다고 생각한다. 실제로 부산 S주택이 완공된 이후 이 지역에 지어지는 건물들의 디자인은 점점 더 세련돼지고 있으며 건축물 설계를 전문 건축사에게 의뢰하는 사람들도 많아졌다고 한다.

자연을 내부로 끌어들인 중정

부산 S주택은 바닷가를 바라보는 정남향으로 배치됐다. 건물 전체는 바다가 있는 남쪽으로 최대한 밀어넣고서 건물로 진입하는 통로는 도로가 나 있는 북쪽으로 냈다. 또 외부에서 보이는 주택 입면은 흰색 판넬과 유리만을 사용해 최대한 단순하게 꾸몄다. 돌출된 구조의 2층 침실에만 일부 아연판을 적용했다. 2층 주인 침실의 벽면 쪽 바닥 레벨의 일부를 높여 외부 입면 라인은 깔끔하게 처리하고 도로 측에서 보이는 돌출 부분에는 포인트를 가미했다.

1층 현관문을 열고 들어가면 긴 통로를 통해 손님방과 중정을 지나 거실에 도달한다. 거실 왼쪽은 부엌과 다용도실, 오른쪽은 응접실인데 두 곳 모두 남쪽 벽면으로 나 있는 창문을 통해 바다를 볼 수 있다. 2층 남쪽에 배치돼 있는 자녀 방에 들어서면 바닷가와 수평선이 한눈에 들어와 가슴이 탁 트이는 느낌을 준다.

주 활동 공간인 침실과 식당, 거실은 모두 정남향으로 배치됐다. 나머지 보조 공간인 화장실, 샤워실, 세면실, 현관 등은 모두 북쪽으로 두었다. 주요 공간들을 여유 있게 남향으로 배치할 수 있었던 것은 건물 중앙에 만들어놓은 두 개의 중정 덕분이다. 중정 하나는 오른쪽 위치에서 1층부터 2층까지 걸쳐 열려 있고, 다른 하나는 왼쪽 위치에서 2층의 안방과 자녀 방 사이에 놓여 있는 테라스형 중정이다. 이들 중정을 통해 각 방과 거실의 환기가 수월해지고 자연의 빛이 내부로 하루 종일 들이친다. 건축주는 비가 내리는 날에 더 운치가 있다고 말한다. 빗소리와 냄새 그리고 비의 움직임까지 모두 담아내는 두 개의 중정 덕분이다.

섬세한 마무리가 주택의 가치를 높인다

부산 S주택의 또 다른 특징은 평면 설계는 물론 조명과 가구 구성까지도 설계자가 직접 주도한 것이다. 설계자인 황준 소장은 설계에 있어 가장 중요한 것은 '명확한 의도와 콘셉트'라고 말한다. 콘셉트를 통해 건물의 공간 구성, 동선, 재료, 디테일 등 모든 것이 결정되기 때문이다.

설계자의 주도 아래 지어진 부산 S주택은 내·외부적으로 분명한 콘셉트와 섬세한 디테일을 자랑한다. 특히 인테리어적 요소들이 시간이 지나도 그대로의 모습을 유지할 수 있도록 했다. 나무 계단이나 유리 난간 등의 정교한 마감처리를 보면 설계자가 이 건축물의 완성도를 위해 얼마나 많은 열정을 보였는지 알 수 있다.

황준 소장은 S주택의 작업을 위해 약 1년간 서울에서 부산까지 40여 번을 오갔다. 일반 수준보다 더 높은 정교함을 요구해 시공사와의 마찰도 있었지만 결국 목표한 수준에 이르렀다. 그의 말에 따르면, 외국의 유명 건축물을 비롯해 후세에 인정받는 건물들은 오래 봐도 질리지 않고 볼수록 매력이 있는데 이는 모두 디테일의 힘 때문이라고 한다.

위·· 정남향으로 배치된 주방과 식당. 왼쪽·· 남측에서 바라본 주택 전경.
중앙·· 내부 중정 및 2층 테라스. 오른쪽·· 1층 통로와 계단.

설계사들의 경연장 된 단독주택

"더 멋지고 예쁘게…"

최근 신도시나 택지지구에 가보면 멋지고 예쁜 단독주택
들이 눈에 많이 띈다. 건축주들이 설계사에 의뢰해 지은 주
택들이 많아진 덕분이다. 건축적으로 뛰어난 단독주택들의
건립은 도심지보다는 상대적으로 쾌적한 택지지구에서 많
이 이뤄지고 있다. 2000년대에는 일산 신도시 정발산 인근
의 단독주택들이 대표적이었으며, 최근에는 판교 신도시와
동탄 신도시에 작품성 있는 단독주택들이 속속 들어서고
있고 건축상 출품도 활발하다. 앞으로는 강남지구와 위례
신도시의 단독주택지에도 건축 바람이 불 것으로 예상된
다. 이처럼 건축적으로 뛰어난 단독주택들이 많아지고 있
는 것은 도심지보다는 쾌적한 택지지구에서 가족과 오순
도순 살고 싶은 사람들이 점점 늘어나고 있기 때문이다.

서판교에서 단독주택을 지어 살고 있는 한 외국계 부동산
투자회사 대표는, 어릴 적부터 로망이었던 내 집 짓기를 운
좋게 실현했다면서 서울 도심에서 집이 가깝지는 않지만
'내 집'에 갈 생각만 해도 피로가 풀리는 기분이라고 말했
다. 건축주들 중에는 직접 건축 전문잡지와 책을 사보고 수
명의 설계사들과 미팅을 하는 등 열정을 보이는 사람들도

있다. 부산 S주택의 건축주도 마찬가지였다. 그는 집을 지으려고 마음먹은 후 수십여 권의 건축 관련 책을 봤고, 마음에 드는 설계사를 찾기까지 서울에 있는 건축사무소들을 수차례 방문했다.

이런 열정을 가진 건축주들이 등장하면서 건축가들의 기회도 전보다 넓어졌다. 설계자에게 단독주택은 건축 철학을 가장 잘 구현할 수 있는 작품이다. 부산 S주택을 설계한 황준 소장은 프랑스의 르 코르뷔지에Le Corbusier와 독일의 미스 반 데어 로에 등 거대한 건축물 설계로 이름이 알려진 세계적인 건축가들도 단독주택 건축을 하면서 뛰어난 작품들을 남겼다고 말한다. 그는 단독주택이야말로 설계부터 시공까지 전체를 제어할 수 있다는 점이 매력이라고 했다. 소규모 단독주택이라고 해서 만만하게 봐서는 안 된다고 황준 소장은 덧붙였다. "단독주택은 최소 100장 이상의 꼼꼼한 도면이 필요하다. 특히 도면과 도면 이상의 것을 구현하기 위해서는 꾸준한 현장 방문이 필수다."

아쉽고 불편한 서울의 아이콘
한강 세빛섬

사람들이 한강을 말할 때 빠지지 않는 얘기가 있다. 세계 어느 나라
에서도 도심을 가로지르는 강 중에 한강에 비교할 만한 강이 없다는
것이다. 굳이 꼽는다면 오스트리아의 도나우 강 정도일까. 저 유명한
파리의 세느 강, 런던의 템스 강, 쾰른의 라인 강은 막상 가서 보면
기대에 못 미치는 수준이다.

서울이 이렇게 아름다운 강을 끼고 있음에도 불구하고 한강은 세계
의 유명한 강들만큼 관심을 받지 못한다. 여러 가지 이유가 있겠지만
강을 끼고 남북으로 두텁게 조성된 고속화도로와 이로 인한 접근성
문제가 가장 큰 이유가 될 것이다. 역시나 섬이라는 제약을 갖고 있
지만 좁은 차로를 사이에 둔 여의도 고수부지 정도일까. 지하철·버

위·· 서울 반포대교 남단에 위치한 한강 세빛섬 모습. 가빛섬(왼쪽부터) 솔빛섬, 채빛섬 세 개의 섬은 각각 꽃, 씨앗, 봉오리를 형상화했다.
아래·· 세빛섬 야경. 설계자인 김태만 해안건축 대표는 강물 위의 유등과 같은 이미지를 의도했다고 설명한다.

스 같은 대중교통을 이용해 강변으로 나가는 것이 부담스럽다. 주말이면 터질 듯한 상황이 돼버리는 한강변 주차장을 보면 접근성 문제가 얼마나 큰지 알 수 있다.

강을 따라 드문드문 들어선 건물도 쇠락한 이미지를 벗지 못하고 있다. 유람선이나 선착장, 수상 레스토랑 같은 건물들도 마찬가지다. 그나마 눈에 띄는 것은 여의도의 서울마리나, 반포대교 남단에 위치한 인공섬 '세빛섬' 정도다.

피어나는 꽃, 유등을 형상화한 한강 명소 '세빛섬'

무심히 지나치기 쉽지만, 퇴근길 검은 강물 위에서 세빛섬이 만들어내는 야경은 남다른 데가 있다. 유리와 철골 사이의 은은한 간접조명은 잠시나마 눈을 호사시킨다. 반포대교에 설치된 조명분수와 함께 더 근사한 경관을 만들어내기도 한다. 반포대교 위나 한강 고수부지에서 비스듬히 바라보는 야경도 좋지만, 세빛섬 안에서만 볼 수 있는 풍경도 새롭다. 강 가운데로 들어서 있는 건물이 없기 때문이다.

세빛섬은 가빛섬·채빛섬·솔빛섬 세 개의 섬으로 구성돼 그 이름이 '세(3)'빛섬이다. 현재는 다른 용도로 전용되기도 했지만, 설계 당시에는 각각 공연·컨벤션(가빛섬), 전시·문화행사(채빛섬), 수상레저(솔빛섬)의 용도로 조성됐다. 2015년 규모가 가장 큰 가빛섬을 중심으로 서리풀페스티벌, 한강요트페스티벌을 비롯해, 각종 신차·신제품 발표회, 클래식 연주회, 패션쇼, 포럼 등이 치러졌다. 여름에 방한한 온두라스 대통령 만찬도 이곳에서 진행됐다. 2014년 9월 전면 개장 후 2015년 2월까지의 방문자 수는 총 240만여 명이다.

제1섬인 가빛섬은 2층의 컨벤션홀이 중심이다. 1000여 명까지 수용할 수 있는 원형 공간에 돔 형식으로 높게 조성된 천장, 차량·음향장비 등을 나를 수 있는 엘리베이터도 갖추고 있어 공연과 행사, 결혼식 장소로 안성맞춤이다. 특히 3층의 식당과 데크는 탁 트인 조망을 보여줘 사람들에 인기 만점이다.

처음 세빛섬을 구상한 계기에 대해서는 서울시와 설계자의 설명이 약간 다르다. 하지만 그동안 없었던 수상 인공 부유체 형식의 건축물에 대해서는 건축계에서도 꾸준한 관심을 보여왔다. 여기에 역사 도시로서의 고궁·유적과 남산(타워) 정도로만 기억되는 서울에 현대적 이미지를 더해줄 아이콘이 필요하다는 공감대가 형성됐다. 미국 시카고의 밀레니엄파크, 뉴욕 엠파이어스테이트빌딩, 호주 시드니 오페라하우스 같은 건물들이 서울에도 필요하다는 의견이었다.

세빛섬을 설계한 김태만 해안건축 대표는 강물에 떠 있는 유등의 동양적인 이미지, 씨앗에서 발아해 피어나는 꽃의 이미지를 건물에 담았다고 강조했다. 당시 이 프로젝트의 시작이 오세훈 전 서울시장의 '한강르네상스' 사업이었던 만큼 한강에서 문화가 피어나는 것을 '씨앗-봉우리-꽃으로 형상화'했고 마치 강물 속을 걸어다니는 듯한 느낌으로 보행 동선을 구성했다는 설명이다.

높은 안전성 요구… 쉽지 않았던 건축 과정

새로운 도시 아이콘을 기대하는 서울시의 적극적인 협조 아래 새로운 형태의 건물을 시도하는 설계자의 의욕이 더해졌지만 공사는 만만치 않았다. 수면 위로 떠 있는 건물보다 하부 구조물 조성에 예상보다 더 많은 시간과 기술, 장비가 필요했다. 섬이 기울지 않도록 상하부의 무게중심을 맞추는 것도 까다로운 작업이었다. 설계팀과 선박기술팀이 지상 건축물 공사에 함께 참여해 상하부 구조를 고치고 보완하는 작업이 반복됐다.

해안건축 관계자는 남해의 조선소에서 하부 구조물을 여러 조각으로 만들어와서 한강변에서 조립하고, 섬을 돌려가며 상부 건물을 지었다고 설명했다. 당시 건축비용 절반은 하부 구조물에 들어갔고, 예상보다 많은 건설 설비가 투입돼 비용도 크게 늘어났다. 건물이 세 개 섬으로 나뉜 것은 '수상 건물 조명허가 요건'에 바닥면적 제한(1만 제곱미터 미만) 때문이기도 했지만, 건물이 커지면 무게가 늘어나 강바닥에 부딪힐 가능성도 고려됐다. 홍수 때 섬끼리 부딪치거나 떠내려갈 수 있다는 우려도 제기됐기 때문에 안전성을 최우선으로 고려했다.

각 180톤의 무게를 버틸 수 있는 강철 케이블이 섬마다 8~10개씩 연결돼 있는데, 이는 강바닥에 박힌 콘크리트 블록으로 고정돼 있다. 또 14개의 위성에서 전송되는 GPS 정보를 통해 끊임없이 위치를 재조정하는 시스템을 갖췄다. 시설을 운영하고 있는 효성 관계자는, 세빛섬은 최근 200년 빈도의 안전율을 적용해 현재 반포대교 높이인 16미터까지 섬이 떠오를 수 있도록 설계됐으며 이는 서울시 대부분이 잠기는 수위로 사실상 평균 안전율의 4배에 달하는 수준이라고 강조했다.

정치적 논란에 5년여 공전 '비운의 도시 아이콘'

이처럼 까다로운 공정과 안전성 강화에 치중하다 보니 비용은 원래 계획
보다 크게 늘어났다. 2008년 662억 원이었던 사업비는 2009년 964억 원,
2011년 1390억 원으로 증액됐다. 3년 새 두 배로 늘어난 것이다. 당연히
무리한 공사라는 비판이 제기됐다. 굳이 그만 한 돈을 들여가며 그 위치
에 건물을 지어야 했느냐는 의견들도 쏟아졌다. 한 건축업계 관계자는
300여 객실을 갖춘 초특급 호텔도 지을 수 있는 비용을 세빛섬에 쏟아
부었으니 수십 년이 지나도 이익을 낼 수 있을지 미지수라며 부정적인 반
응을 보였다.

　　세빛섬은 2011년에 준공됐지만 전면 개장은 2014년 10월에야 이
뤄졌다. 이로 인해 세빛섬을 한강 르네상스의 핵심 사업으로 추진했던 오
세훈 전 시장과 서울시 담당자들은 수년간 구설수에 올랐다. 근래에 세빛
섬만큼 정치적 논란을 일으킨 건축물이 또 있을까 싶을 정도다. 결국
2012년에는 특별감사까지 받게 돼 공무원 4명은 중징계, 15명은 문책 조
치됐다. 이듬해에는 대한변호사협회의 '지자체 세금낭비조사 특별위원
회'가 오세훈 전 시장을 업무상 배임 혐의로 검찰에 수사 요청을 했지만
2년여 만에 무혐의 처분이 내려졌다.

　　5년여 동안 세빛섬을 운영할 사업자를 찾지 못해 사업을 떠맡다시

위·· 지금은 전시공간으로 쓰이는 제3섬 솔빛섬. 원래는 요트 접안시설을 갖춘 수상레저파크로 계획됐다.
아래·· 제1섬인 가빛섬 3층에 위치한 레스토랑. 한강 고수부지에 배 형태의 레스토랑은 많지만, 이처럼 시원한 창으로 강 안쪽에 깊숙이 들어온 레스토랑은 없다.

피 한 효성 역시 피해를 입었다. 이명박 전 대통령의 사돈가라는 점에서 의구심이 증폭됐고, 결국 2013년 서울시 허가가 날 때까지 효성은 매달 6억여 원의 금융비용을 손해 봐야 했다.

대중교통·자가용 모두 불편… 부족한 콘텐츠도 아쉬워

반짝거린다고 모두 금일 수 없고, 집에서 버린 자식이 밖에서 인정받기 어려운 건 당연한 이치다. 밤마다 아름답게 빛나는 세빛섬이지만, 개장한 지 1년 반이 지난 지금까지도 여전히 아쉬운 점이 많다. 운영자인 효성의 직영 점포 네 개를 포함해 레스토랑·매장 13곳이 입점해 있지만 활성화 되기까지는 아직 멀어 보인다.

게다가 장기간 정치적으로 이슈가 된 이유 때문인지 서울시도 세빛 섬의 활성화에 적극적으로 나서지 않고 있다. 특히 접근성이 가장 큰 문 제가 되고 있다. 버스나 지하철, 심지어 자가용으로도 다녀오기 불편한데 다, 인근 고수부지는 이용자에 대한 배려가 아쉽기만 하다.

가장 가까운 지하철역인 고속터미널역은 도보로 15분이나 걸리고 이곳을 오가는 노선버스는 고작 한 대가 전부다. 세빛섬에 닿은 고수부지 에는 노상 공연장과 잔디밭을 조성해놓아 상대적으로 주차장이 좁다. 여 기에 잠수교와 올림픽대로 진입 차량이 유입되는 길목이 연결돼 있어 주 말에는 더더욱 진입이 어렵다. 현재로서는 세빛섬이 지역을 넘어 서울시 의 아이콘이자 랜드마크로 불리는 것은 요원해 보인다.

세빛섬에 입주한 한 점포 관계자는 공연장 용도가 더해진 반달공원은 햇볕과 바람에 그대로 노출돼 사람도 없고, 가끔 오토바이로 묘기를 부리는 사람들 때문에 위험천만하다고 말했다. 또 주말이면 온통 불법주차 차량으로 가득해 차라리 유료주차장으로 바꾸는 게 나을 것이라고 말했다.

김태만 해안건축 대표
"시간 지나도 가치 잃지 않기를 바란다"

"시드니 오페라하우스도 처음엔 비난받았지만, 이젠 전 국민이 자랑스러워하는 건물이 됐죠. 모든 건물은 구설수에 휘말리기 마련입니다. 공공건물은 더하죠. 항상 한발 앞서 나가는 건 매 맞게 돼 있으니 일희일비할 것 없어요. 이런저런 얘기 다 맞추면 배가 산으로 갑니다."

김태만 대표는 건축비·디자인 등에 대한 논란에 익숙한 듯 잘라 말했다. 서울의 새로운 아이콘이자 랜드마크가 될 건물을 완성했다는 자부심과 자신감도 동시에 비쳤다.

"잘 지어진 건물은 당대를 위한 것이 아니라 이후의 세대를 위한 겁니다. 제대로 지었다면 시간이 지나도 제 가치를 잃지 않게 마련이죠. 세빛섬도 그런 건물이 되길 바랍니다."

특히 공사비에 대해서는 과거에 참고할 만한 건물이 없어

초반 예산 산정에 어려움이 있었을 것이라 말했다. 또 나중에 물이 흐르지 않는 '고정된 물' 위에 좀 더 단순한 방식으로 건물을 지어보고 싶다고 덧붙였다.

"사실 규모의 경제가 가능할 만큼 큰 건물도 아니고, 각각 비슷한 부분이 없는 비정형 건물이죠. 공사도 물 위에 뜬 배에서 이뤄지고, 납작하고 가벼운 건물이라는 제약까지 있었습니다. 임의로 책정한 예산을 맞추기는 어려운 거죠."

건축물이 완성된 지 5년이 다 돼가지만 활성화되지 못한 것에는 아쉬움이 많다고 말했다.

"레스토랑이나 컨벤션도 좋지만 좀 더 대중적인 프로그램이나 공연 등으로 다양하게 쓰였으면 합니다. 지금은 전시 공간으로만 쓰이는 솔빛섬은 원래 요트 접안시설을 갖춘 수상레저파크로 계획됐습니다. 그게 아니더라도 강 한가운데로 걸어가듯 산책하며 해질녘 반짝이는 물결을 보는 것도 특별한 경험이 될 겁니다."

접근성이 아쉽다는 지적에는 그도 공감했다.

"한강 양쪽으로 고속화도로가 장벽처럼 지나가니 접근이 어려울 수밖에 없지만, 그나마 잠수교가 있어 그 위치로 정했습니다. 아쉬우나마 주차장과 섬을 연결하는 천장 있는 통로라도 조성해주면 더 편리할 것 같습니다. 사람들이 편하게, 다닐 수 있는 통로를 만드는 게 중요하죠."

소통과 균형의 미가 만나다
수원시립아이파크미술관

광장은 다양한 욕망의 분출구다. 민주주의 사회에서 광장은 대부분
'선善'한 곳이다. 화성행궁은 조선시대 최대 '행궁'이라는 역사적 의
미 외에도 아버지를 잃은 정조의 슬픔을 품고 있는 우리 선조들의
이야기가 살아 있는 건물이다. 이 둘의 존재를 인정하면서 그 사이에
건축물을 지어야 했던 현대 미술관의 입장은 여간 곤혹스러운 것이
아니었다. 광장의 자유로움을 정돈할 만큼의 그 위엄이 있어야 하지
만 행궁의 위엄을 뛰어넘어서는 안 된다. 또한 전통에 공손해야 하지
만 너무 위축돼서도 안 된다. 수원 최초의 시립미술관 '수원시립아이
파크미술관'은 이러한 경계 속에서 절묘한 균형을 이루고 있다.

수원시립아이파크미술관 전경. 도로변 방향의 미술관은 거대한 콘크리트 덩어리가 놓인 듯 웅장한
모습이지만 반대편 화성행궁 쪽은 크기가 차츰 줄어들면서 주변과 적절하게 어울린다.

미술관은 전시실을 제외하고는 자연광으로 대부분 내부를 밝히고 있다. 통유리는 복도를 걷다가 언제든 도시의 풍광을 바라볼 수 있게 해준다.

광장과 행궁 사이 균형 잡은 미술관

설계자인 진교남 간삼건축 디자인2부문장은 미술관의 권위부터 벗겨내고 폐쇄적인 공간이 아닌 동네 사랑방 같은 소통의 공간을 만들고자 했다. 이것이 수원시립아이파크미술관의 첫 번째 특징이었다. 삼면을 둘러싼 통유리와 사람이 드나들 수 있는 입구 그리고 내부를 통하지 않고서도 미술관의 외부 꼭대기까지 쭉 이어진 계단은 미술관에 울타리가 없다는 것을 사람들에게 알리는 일종의 '시그널'이다.

두 번째 특징은 행궁과 광장 그리고 그 사이에서 미술관의 역할을 정하는 데서 나왔다. 행궁 앞쪽으로 펼쳐진 드넓은 광장은 시민들의 문화 생활 중심지로서의 역할을 할 수 있도록 놔둬야 했고 행궁의 분위기도 압도하지 말아야 했다. 설계자에 따르면 처음에는 행궁과 비교해 훨씬 큰 건물을 제안했다고 한다. 하지만 정서적으로 행궁보다 더 웅장하거나 규모가 커서는 안 된다고 생각했고 결국 미술관은 지하 1층~지상 2층 규모로 지어졌다. 화성행궁 주변의 고도제한이 11미터였기 때문에 더 이상 높이는 것도 불가능했다.

전반적인 건물 외관은 단순한 형태다. 위에서 내려다보면 오목한 육각형의 모습을 하고 있다. 두 개의 사각형을 겹친 듯한 모습이지만 특색이 있다고 말할 정도는 아니다. 도로변에 접한 부분은 콘크리트 덩어리를 올려놓은 듯 웅장하다. 하지만 반대편 행궁과 맞닿은 부분은 스스로를 낮추는 분위기다.

시적 표현 기법의 점강법처럼 건물의 높이는 도로변에서 행궁으로 다가오면서 마치 계단처럼 조금씩 낮아진다. 대체로 건물 위쪽은 콘크리트인 반면 아래 부분은 통유리창으로 디자인됐다. 진교남 부문장은, 미술관 부지는 해바라기가 어지럽게 심어져 있는 정리가 안 된 나대지였다면서 옛 지적도와 지도를 참고해 행궁과 광장을 둘러싸는 모습으로 미술관을 설계했다고 설명했다.

분절된 공간과 통로, 미술관 속으로 이어진 도시

미술관 안팎은 모두 송판 무늬가 새겨진 콘크리트로 마감됐다. 딱딱함과 차가움 등 콘크리트가 주는 여러 가지 느낌에 우리에게 익숙한 나무 무늬가 더해져 건물 전체가 현대와 전통이 조화를 이루는 느낌을 준다. 건물은 크게 세 덩어리로 나누어 있고, 건물과 건물 사이에는 1층에서 건물 꼭대기와 하늘까지 이어진 통로(골목)가 설치돼 있다. 이 통로에 서 있으면 밖으로 난 창을 통해 미술관을 둘러싼 도시의 모습을 볼 수 있다. 그래서 마치 미술관에 와 있는 것이 아니라 수원 어느 동네의 좁은 골목길에 서 있는 듯한 착각을 일으키게 한다.

이 미술관의 또 다른 특징은 자연광을 적절히 사용하고 있다는 점이다. 사선의 벽면에서 천장까지 시선을 이동하면 천장의 일부가 투명하게 뚫려 있는 것을 볼 수 있다. 이곳을 통해 스며드는 빛이 미술관 내부를 은근하게 밝혀주고 있다.

일반적으로 도시에는 지형과 기능에 따라 구획이 나뉜다. 공장이 몰려 있는 곳이 있고 상가가 집중된 곳이 있다. 대부분 이런 구분은 인위적으로 진행된다. 일반 건축물도 마찬가지다. 입구 바로 다음에는 로비가 있어야 하며 이를 통해 다른 정해진 공간으로 이동하게 된다. 하지만 수원시립아이파크미술관에는 로비가 없다. 설계자는 이를 두고 의도적으로 비켜갔다고 표현했다. 로비 대신 통로를 걷다 보면 자연스럽게 역사공원과 맞닿아 있는 미술관 뒤쪽 공간으로 모이게 된다. 이곳 1층에는 카페테리아가 있고 2층에는 도서관이 있다. 로비의 역할을 카페테리아와 도서

위·· 수원시립아이파크미술관의 주요 마감재인 송판 무늬 콘크리트. 무겁고 차가운 느낌의 콘크리트 재질이지만 우리에게 익숙한 나무 무늬가 새겨져 있어 다양한 느낌을 불러일으킨다.
아래·· 수원시립아이파크미술관 내부에는 별도의 로비를 두지 않았다. 세 개의 문으로 들어온 관람객들은 이리저리 이어진 통로를 따라 걷다 보면 미술관 뒤편 카페테리아로 모이게 된다.

관이 대신하고 있는 것이다. 진교남 부문장은 미술관의 벽은 전시를 위한 벽이고 미술관 사이의 통로는 도시의 한 부분이 되길 바랐다고 말했다.

진교남 간삼건축 디자인2부문장
"이타미 선생에게 재료에 대한 사유방법 배웠다"

"'수원시립아이파크미술관'의 고민은 쉽게 끝나지도, 결코 가볍지도 않았습니다. 현대적인 디자인으로 가야 할지, 전통적인 디자인으로 가야 할지 등 정답이 없는 고민이 많았습니다. 고민 끝에 결국 아무것도 선택하지 않았습니다. 대신 과거와 현재, 동양과 서양을 떠나 시대정신을 담는 데 가장 큰 무게를 뒀습니다."

수원시립아이파크미술관 설계자인 진교남 부문장의 건물에 대한 평가다. 그는 세계적인 건축가 이타미 준의 제자로 잘 알려져 있다. 하지만 그의 건축은 이타미 준과는 많이 달라 보인다. 특히 이타미 준의 뛰어난 조형미는 그의 작품에서 뚜렷하게 나타나지 않는 편이다. 그는 이런 의견에 대해 "건축가에게 어느 학교, 어느 선생에게 배웠는가는 상당히 중요하다. 건축가가 건물의 전체적인 개념을 결정하는 데 큰 영향을 주기 때문이다. 나는 이타미 선생에게 물성物

性에 대해 사유하는 방법을 통째로 보고 배웠다"고 말했다. 그가 말하는 물성에 대한 사유는 상식적으로 가지고 있는 건축 재료에 대한 선입견이 아니라 재료가 어떤 상태 혹은 어떤 공간에서 우리에게 어떻게 느껴질 수 있는가를 고민해보는 일이다. 예컨대 같은 스테인리스 스틸이라고 해도 주방에서 보는 스테인리스 스틸과 모래 위에 덩어리째 놓여 있는 스테인리스 스틸은 무게감이나 질감 그리고 존재감까지 다를 수 있다는 것이다.

진교남 부문장은 "이타미 선생이 감성을 일깨워줬고 그런 세계가 있다는 것을 알려주셨다. 그것은 또 다른 건축의 영역이었으며 제 나름대로의 사고방식과 관점으로 계속 그 길을 가고 있다"고 말했다. 그는 또 아름다운 것과 훌륭한 디자인은 다르다는 점을 강조했다. 무한한 경제적 지원을 해주고 설계자의 의도대로 모두 승인을 해주는 건축주 아래에서는 순수한 예술품은 나올 수 있지만 훌륭한 디자인은 나오기 어렵다는 것이 그의 생각이다. 그는 디자인은 문제를 해결하는 요소가 당연히 있어야 한다고 생각한다. 또한 그렇기 때문에 훌륭한 디자인을 창출해내기 위해서는 경제적이든 기능적이든 미적이든 제약이 있어야 한다고 설명했다.

세모난 교실 가운데 하늘 향한 공원
남양주 동화고 삼각학교

'흩날리는 운동장 바닥 모래, 스탠드 뒤편에 네모반듯하게 세워진 건물, 복도를 따라 일렬로 줄 세워진 교실들……' 세대는 다르지만 기억은 같다. 학교는 모든 세대가 같은 기억을 공유하는 거의 유일한 매개체다. 일제 강점기 때부터 현재에 이르기까지 학교 건물은 거의 변하지 않고 제자리걸음을 하고 있다. 경기 남양주시 도농동에 위치한 동화고 '삼각학교'는 우리에게 이 시대의 교육 가치를 담은 학교 건축은 어떤 모습이어야 하는지에 대한 질문을 한다.

운동장과 뒷산, 중학교에 둘러싸인 부지의 조건을 충족시키기 위해 삼각형 모양의 독특한 건물이 탄생했다. 바깥쪽 삼각형과 중앙 정원으로 만들어진 안쪽 삼각형은 서로 약간 비틀어져 있다.

과거에 갇혀버린 학교 건축

국내 교육에 대해 흔히들 "19세기 교실에서 20세기 교사가 21세기 아이들을 가르친다"고 표현한다. 21세기를 사는 아이들이 하루의 거의 대부분을 보내는 공간이 19세기에 갇혀 있는 것이다. 사각 운동장과 일자형 복도 등 학교 건물의 일반적인 모습은 지난 1962년에 만들어진 표준설계도에서 확립된 형태다. 1990년대 학교시설의 현대화 사업이 시작되면서 표준설계도 사용 의무화가 폐지됐지만 학교 건물의 표준화된 모습은 아직도 변하지 않고 있다.

삼각학교의 설계를 맡은 유소래 네임리스건축 소장은, 학교 건물을 만드는 시스템이 고정돼 있는데다 사람들의 머릿속에 학교 건축은 이런 모습이어야 한다는 고정관념이 있어 몇십 년간 같은 학교 건물이 반복적으로 생산돼왔다고 설명했다. 그 결과 수많은 학교가 만들어지면서 양적 팽창은 이뤄졌지만 역사성도, 지역성도 사라진 건축물로 남게 됐다. 동화중·고교 역시 마찬가지 상황이었다. 가운데 운동장을 둘러싼 채 10~20년의 시차를 두고 건물들이 하나씩 세워졌지만 겉모습과 재료만 약간 달라졌을 뿐 일자형 복도 등 틀에 박힌 내용은 그대로였다. 이에 대해 박정현 마티출판사 편집장은 "급속히 인구가 팽창한 근현대사의 흔적이 학교의 무질서한 확장에 고스란히 묻어난다"고 표현했다.·

● 박정현, "시선의 극장," 〈건축리포트 와이드〉 44호, 간향미디어랩.

시장바닥 같은 학교를 꿈꾸다

삼각학교를 탄생시킨 네임리스건축의 나은중·유소래 건축 듀오는 '시장 바닥'과 같은 학교를 꿈꾸며 설계를 진행했다. 삼각학교는 북쪽으로는 운동장, 동서쪽으로 각각 뒷산, 중학교 건물과 맞닿은 대지 위에 자리 잡고 있다. 일반적인 직사각형 건물로 지을 경우 운동장과 중학교 사이를 전부 가로막는 문제가 있어 삼각형 건물이 탄생하게 됐다. 삼각 배치는 기존 일자형 복도에서 벗어나 가운데 중앙정원을 중심으로 360도 순환하는 복도를 만들어냈다. 또 복도 폭을 2.4~5.5미터로 다양하게 배치해 복도가 단순히 이동통로가 아닌 '거실'의 역할도 할 수 있도록 했다. 학교에서 유일한 공용 공간인 복도가 기능적으로만 왔다 갔다 할 수 있도록 비좁게 형성돼온 것을 과감히 파괴하고 복도가 학생들에게 문화적 장소이자 활발한 소통을 유발할 수 있는 곳이 되길 바랐기 때문이다.

특히 건물 바깥의 삼각형과 가운데 중앙정원의 삼각형을 약간 비틀어 2층과 3층 사이에 수직적인 틈을 만들었는데, 이 틈으로 2·3층 간의 시야가 수직적으로 열리고 새로운 소통이 가능해지길 바랐다. 실제로 이 장소는 아이들이 가장 좋아하는 공간이 됐다. 일자형 복도일 때는 화장실을 가기 위한 통로 정도로 이용했지만 요즘은 자율학습 시간에 이곳으로 나와 공부하거나 2·3층 간 틈을 통해 서로 마주 보고 대화를 나누는 등 공간을 다양하게 활용하고 있다.

학교 건축의 미래를 묻다

삼각학교를 보여주는 또 하나의 특징은 투명성에 있다. 운동장 쪽 건물 정면은 투명한 유리로 뒤덮여 학생들의 모습이 그대로 노출된다. 내부 중앙 정원 삼면도 모두 유리로 구성됐다. 기존 학교들이 폐쇄적인 학습 공간을 만들었다면 삼각학교는 열린 교육을 위한 고민을 했다. 건물 중앙에 자리 잡은 중앙 정원은 소통과 투명성을 강조하고 있다. 하늘을 향해 뻥 뚫린 이곳에서 학생들은 배드민턴을 치거나 자유롭게 앉아 대화를 나눈다. 유리로 둘러싸여 해가 떠서 질 때까지 건물 내부로 빛을 고르게 끌어들이는 역할도 한다.

이렇게 지어진 삼각학교는 2014년 '김수근건축상 프리뷰상'을 수상하는 등 지금까지도 꾸준히 주목을 받고 있다. 삼각학교가 큰 관심을 끄는 것은 단순히 삼각형이라는 외관이 특이해서라기보다 이 시대의 학교 건축이 어떤 가치를 지녀야 하는지에 대한 고민이 제대로 담겨 있기 때문이다.

유소래 소장은, 국내 학교 건축은 시·구청사 등 다른 공공건물과 비교해봤을 때도 획일적이라면서 교육열이 상당히 높은데도 불구하고 학생들이 사용하는 공간에 대해서는 너무 무관심하다고 지적했다. 삼각학교 완공 이후 다양한 지역에서 아이들을 위한 학교 건축이 필요하다는 논의가 점점 활발해지고 있다. 삼각학교가 학교 건축의 유일한 정답은 아닐 것이다. 다양한 정답'들'을 위한 시도는 현재진행형이다.

왼쪽‥ 바깥과 안쪽 삼각형을 약간 비틀어 배치해 2층과 3층 사이에 수직적인 틈을 만들었다. 이 틈을 이용해 학생들이 위아래에서 대화를 나누는 등 활발하게 소통한다.
위‥ 운동장 쪽 바깥 면은 투명유리로 만들어져 학생들의 모습이 그대로 보인다.
아래‥ 삼각형 가운데에 마련된 중앙정원은 실내로 빛을 끌어들여주는 역할을 할 뿐만 아니라 학생들이 자유롭게 휴식할 수 있는 공간을 제공해준다.

변화의 싹 틔우는 지구촌 학교들

"학교 건축은 어떤 모습이어야 하는가?"

학교는 교육이 추구하는 가치를 담아내는 그릇이다. 해외
에서는 이미 이 시대의 교육이 어떤 모습이어야 하는지를
보여주는 다양한 건축적 시도가 이뤄지고 있다. 영국 브릭
스턴에 위치한 '에벌린그레이스아카데미'는 학교 건축이
지역 재생에 어떤 역할을 할 수 있는지를 제대로 보여주는
사례다. 브릭스턴은 영국 내 대표적인 저소득층들이 거주
하는 지역이다. 에벌린그레이스아카데미를 설계한 자하 하
디드는 이곳을 낙후된 주변 건물과 완벽하게 대비되는 랜
드마크로 만들어 교육 성취율이 낮은 지역 주민들에게 교
육이 가져다줄 새로운 가능성을 보여주고자 했다. 대지 면
적이 영국 평균 학교의 6분의 1가량에 불과한 한계를 극복
하기 위해 100미터 육상 트랙이 학교 건물을 관통하도록
만드는 등 창의적인 도전도 시도했다. 현재 육상트랙 등은
지역민들을 위한 사회기반 시설로 이용되고 있다.

스위스는 몇십 년 전부터 학교 건축에 대한 고민을 시작한
나라다. 나은중 대표는 "스위스 취리히 교육청에서 지난
1999년에 새로운 공모 시스템을 만들어 2000년대부터 변
화된 학교들이 탄생하기 시작했다"고 말했다.

취리히의 대표적 공립학교인 로이첸바흐스쿨과 임 비르히 스쿨은 학교 전체를 투명한 유리로 뒤덮었다는 점에서 폐쇄적인 국내 학교와는 정반대의 교육적 가치를 드러낸다. 6층으로 이뤄진 로이첸바흐스쿨은 건물 전체가 투명 유리로 둘러싸여 학습 공간과 체육활동, 교사들의 연구 활동까지 모두 노출된다. 임비르히스쿨도 내·외부를 유리로 구성했으며 필요에 따라 커튼이나 블라인드를 사용할 수 있도록 설계됐다. 특히 복도 대신 서너 개의 교실을 연결시켜주는 공용 공간을 만들어 교육이 교실을 넘어 바깥으로 확장될 수 있도록 했다.

바위 언덕을 품고 들어선 집
평창동 미메시스아트하우스

북악산과 북한산이 만나는 자락에 위치한 평창동. 마을 초입에서 평창 11길을 따라 3분간 걷다 보면 오른쪽으로 단아한 회백색 건물이 눈에 들어온다. 도로에 밀착해 수평으로 펼쳐진 콘크리트 외벽을 지나면 중앙의 주차장 입구가 나타난다. 주차장 안쪽을 들여다보면 햇살이 쏟아져 내려와 눈이 부실 정도다. 안으로 들어가면 머리 위가 뻥 뚫려 하늘이 보이고, 정면에는 커다란 바위 언덕이 경사지를 따라 형성돼 있다. 건물이 바위 언덕을 중정의 형태로 품고 U자로 들어선 형태다. 평창동 산자락을 고스란히 품은 이 집은 바로 미메시스아트하우스다. 지하 1층과 지상 1층은 오피스, 지상 2~3층은 주택으로 구성된 건물이다.

미메시스아트하우스 전경. 건물 저층부의 도로 쪽 외벽은 까끌한 질감의 송판 거푸집 콘크리트로
친숙한 느낌을 냈고 상층부는 거주 단위의 유닛을 분절해 여러 사람들이 살고 있음을 표현했다.

자연을 고스란히 마당으로 품다

이곳에서 수천 년 있었을 바위 언덕은 그대로 마당이 됐다. 건축주가 바위 언덕을 보존한 채 건물 짓기를 원했기 때문이다. 미메시스아트하우스를 설계한 김준성 건국대 건축전문대학원 교수는, 지상부까지 언덕이 있었는데 파고들어가 보니 현재의 건물 바닥 부근에서 산자락이 끝났다면서 흩어져 있던 바위를 재배치한 것을 제외하면 형태를 그대로 보존했다고 말했다.

건축물은 바위 부분을 포함한 총 대지면적 1098제곱미터의 30퍼센트 수준인 325제곱미터에만 들어섰다. 이로써 바위 언덕은 모두의 공간이 됐다. 건물이 바위를 U자형으로 둘러싼 덕에 사무실과 주거시설 어디서든 바위 마당을 온전히 누릴 수 있게 된 것이다.

거주자들은 자연을 거스르거나 변형시키지 않고 보존한 혜택을 톡톡히 누리고 있다. 바위 언덕의 수풀들은 계절에 따라 다른 자태를 뽐내며 사람들을 맞이한다. 다소 힘들게 보존해낸 건물 오른쪽 모서리의 커다란 벚꽃나무도 봄마다 연분홍 꽃망울을 흐드러지게 터트리며 보답한다.

위·· 중정을 두고 건물을 반원으로 꺾어서 자연을 에워싸는 모양이다.
왼쪽·· 건축주와 건축가는 합심해서 기존 노후건물 후면에 있던 평창동 산자락을 건물 내부로 고스란히 들여왔다.
오른쪽·· 중정을 두고 건물을 반원으로 꺾어서 자연을 에워싸는 모양이다.각 집으로 향하는 복도는 전망과 개방감을 살린 덕에 골목을 걷는 듯한 느낌을 준다.

가끔은 이 건물 오른편에 있는 유치원 아이들까지 이 집 마당으로 놀러와 오르락내리락한다.

풍성한 주거 경험을 선사하다

이 건물은 한 번 살아보고 싶은 욕구가 저절로 일어날 정도로 자연친화적이다. 설계자 김준성 교수는 주거 만족도를 높이기 위해 온갖 궁리를 다했다고 한다. 먼저 집으로 들어가는 경로를 다양하게 구성했다. 복도는 일반적인 복도의 크기보다 좀 더 넓혔고 군데군데 천장을 없애 하늘이 보이도록 했다.

덕분에 복도를 따라 걷다 보면 복도 자체의 공간감은 물론이고 바위 마당 쪽 풍경도 시시각각 변해 마치 길을 걷고 있는 느낌을 받는다. 건물 중간 중간의 데크와 옥상의 마당도 마련해 거주자들이 휴식을 취할 수 있게 한 것도 특징이다. 이 건물의 저층부는 사무실, 상층부는 다세대주택으로 구성돼 있다. 총 8가구로 원룸부터 쓰리룸까지 다양하며 거주자들은 모두 임대로 사용하고 있다.

김준성 교수는 건물 외관까지도 유니트 단위로 여러 개로 나누어서 여러 사람들이 살고 있음을 드러나게 했다. 동네 주민들이 건물 외관으로 이곳에 사는 사람들을 인지했으면 하는 바람에서였다.

좋은 건축주와 함께 빚어낸 자연친화적 건물

재미있는 점은 건축가들이 이 건물을 방문하면 대뜸 건축주가 누군지부터 묻는다는 것이다. 공간이나 재료를 아낌없이 쓴 덕분에 건물의 특색이 생겨나고 완성도가 높아졌기 때문이다. 김준성 교수는 복도의 경우 필요한 면적보다 5퍼센트만 더 사용하겠다고 미리 말했을 때 건축주가 흔쾌히 허락한 일을 고마워했다. 실제로는 면적을 더 썼는데도 건축주는 불만을 표시하지 않았고 그래서 자신의 생각대로 자연친화적이고 특색 있는 복도를 완성할 수 있었다고 말했다.

이 건물의 건축주는 자신만의 건축 철학이 있는 사람으로 유명한 홍지웅 '열린책들' 대표다. 그는 기본적으로 모든 건축물은 용도와 상관없이 공공성을 띠고 있다고 생각하며, 이 건물도 오가는 사람들에게 좋은 경험과 생각거리를 제공하면 좋겠다고 말한다.

김준성 교수에겐 이와 같은 건축주를 만나는 것도 축복인데 또 다른 행운도 따랐다. 이전 건물에서 사무실을 옮겨야 할 때 마침 자신이 설계했던 이 건물이 비어 있었던 것이다. 그는 곧바로 이곳에 둥지를 틀었다. 자신이 만든 작품 속에서 또 다른 설계를 해나가는 경험이 어떠냐고 묻자 그는 사무실에 앉아 바위 마당 쪽 풍경을 바라보고 있으면 사무실을 나가기가 싫다고 말했다.

김준성 건국대 건축전문대학원 교수

"자연을 거스르지 않는 조화로움을 추구하다"

'미메시스'라는 단어로 시작하는 건물은 국내에 '미메시스 아트하우스' 외에 하나 더 있다. 바로 파주의 '미메시스아 트뮤지엄'이다. 이 건물은 김준성 교수가 스승이자 모더니 즘 건축의 마지막 거장으로 불리는 '알바로 시자Alvaro Siza' 와 함께 설계한 작품이다. 김준성 교수는 자신이 단독으로 설계한 아트하우스에 미메시스아트뮤지엄의 느낌을 많이 반영하려고 했다. 아트하우스에 노출콘크리트를 활용하고 곡선미를 살린 것은 그 때문이다.

김준성 교수는 스승의 영향 아래 자연을 거스르지 않는 조 화로운 건축을 추구해왔다. 이후에는 파주 헤이리 예술마 을 건축 코디네이터로 7년간 일하면서 소통을 통해 새로움 을 찾아내는 데 익숙해졌다. 특히 건축주와의 적극적인 소 통을 바탕으로 서울 평창동 산자락을 그대로 건축물로 끌 어들인 미메시스아트하우스는 건축물에 대한 그의 철학이 제대로 반영된 결과물이라 해도 과언이 아니다.

김준성 교수는 지금도 여전히 새로운 길로 나아가고 있다. 2016년 6월 준공된 탁구 관련용품 제작업체 엑시옴의 충 북 음성공장은 그의 또 다른 발걸음이다. 이 건물의 건축주는 김준성 교수가 현상공모에 내기 위해 만들어놓은 한 설계안을 보고 "내 운명과도 같은 설계안"이라고 생각했고 "꼭 그대로 지어달라"는 부탁을 했다. 김준성 교수는 "내부에 정원이 세 개나 있는 여유로운 공간, 일상을 느낄 수 있는 곳으로 설계했다"면서 "이제까지 찾아볼 수 없었던 새로운 공간 형식을 도입한 공장"이라고 설명했다.

대지공유 모델을 제시하다

강남 A4블록 공동주택

최근 선보이는 새 아파트의 특징은 내부 평면이 과거와 다르다는 점이다. 성냥갑 같은 획일적인 평면에서 벗어나 3베이·4베이·알파룸 등 다양한 신평면이 쏟아지고 있다. 이는 아파트에 거주하는 개인에게 초점이 맞춰진 것이다. 하지만 공동주택인 아파트는 여러 사람이 한데 모여 사는 '공동'의 공간이다. 서울 강남 지구 A4블록 공동주택(강남브리즈힐아파트)은 기존의 공동주택과는 차별화된 특성을 보여준다. 여러 사람이 모여 사는 공동주택의 장점을 극대화하기 위해 내부 평면보다 외부 공간의 활용에 초점을 맞춘 것이다. 특히 이 공동주택은 대지를 공유하며 집합으로 거주한다는 것이 우리의 일상을 어떻게 변화시킬 수 있는가를 묻고 있다.

강남 A4블록 공동주택은 거주자들이 땅으로부터 특별한 기쁨을 누리도록 하기 위해 대지를 여러 개의 작은 마당으로 나누고 단지 환경의 중심을 바닥에 내려놓았다.

작은 마당을 필로티로 연결해 내 집의 범위 확장

흔히들 내 집의 범위는 퇴근 후 문을 열고 들어서는 현관부터 시작된다고 생각한다. 하지만 강남지구 A4블록 공동주택은 단지 입구부터 각 가구의 현관까지 이어지는 '여정'도 내 집의 일부가 돼야 한다고 강조한다. 이를 위해 경사진 대지는 11개의 작은 마당으로 나누었고 각 주동을 필로티 형태로 바닥으로부터 들어올려 주동 하부를 관통하는 연속된 보행체계를 갖췄다. 필로티를 통해 작은 마당들이 서로 연결된 것이다.

또 주동의 앞마당은 이웃 동의 필로티와 결합되면서 모두에게 열려 있는 거실이자 사랑방이 됐다. 필로티에는 늘 작은 탁자와 의자들이 놓여 있어 주민들이 모여앉아 담소를 나누는 공간이 됐을 뿐만 아니라 주민 잔치를 여는 장소가 되기도 한다. 주민들은 주동 아래의 필로티와 경사지에 설치된 계단을 이용해 단지 입구에서 내 집까지 갈 수 있는 다양한 동선을 선택할 수 있다.

이처럼 집으로 가는 동선이 다양해지면 출퇴근길에 마주치는 이웃들도 늘어나기 마련이다. 강남지구 A4블록 공동주택을 설계한 이민아 건축사사무소 협동원 소장은, 거주민들이 집 밖으로 나와 대지 전체를 내 집처럼 사용하고 누리면서 자연스럽게 이웃들과 친해질 수 있도록 신경을 썼다고 말했다.

잘게 쪼개 지상에 흩뿌린 주민 공동이용시설

주민 공동이용시설을 배치한 방식도 흥미롭다. 일반적으로 아파트의 공동이용시설은 단지 중앙의 대규모 커뮤니티 공간에 배치된다. 하지만 이곳에서는 어린이집·경로당·피트니스센터·도서관 등을 지상 레벨에 하나씩 떨어뜨려 설치했다. 공동이용시설을 잘게 쪼개 대지 위에 흩뿌린 형태다. 따라서 주민들은 다양한 경로로 외부 공간을 돌아다니면서 공동이용시설을 하나씩 접하게 된다. 이렇게 함으로써 외부 공간을 단순한 통행로가 아닌 공동의 생활공간으로 탈바꿈시킨 것이다.

단지의 외장도 지상 레벨의 보행자 눈높이에 맞췄다. 각 주동의 외벽은 단조로운 무채색으로 칠한 반면 지상에 나눠 배치한 공동이용시설의 외벽은 어린이집·경로당 등 각 시설마다 빨강·파랑·초록 등 다채로운 색상을 입혀 극명한 대조를 이루게 했다. 각각의 색상을 입힌 공동이용시설이 멀리서도 눈에 잘 띄도록 하기 위함이었다.

주차공간은 모두 지하로 들여보내 아이들이 지상에서 안전하게 뛰어놀 수 있도록 했다. 이처럼 외부 공간 배치에 중점을 뒀다고 해서 내부 평면 구성을 소홀히 한 것은 아니다. 오히려 일반 아파트에서는 볼 수 없는 평면 구성으로 각 가구마다 환하게 햇살이 비추는 거실과 주방을 선물했다. 이민아 소장은 어느 위치에 있는 집이든 햇빛이 잘 들어오는 방을 똑같이 하나씩 만들어주기로 했다면서 가장 밝은 공간이 온 가족이 모이는 거실과 주방으로 만들어졌다고 말했다.

위·· 필로티는 작은 마당들을 서로 연결해주는 동시에 주민들의 사랑방 역할도 한다.
아래·· 채광을 고려한 ㄱ ㄴ 자 형태의 주동은 마당과 함께 조화로운 공간을 연출한다.

평면 벗어나 이웃과 소통하는 공간 모델 제시

이 같은 대지를 공유하는 공동주택은 주민들의 삶도 바꿔놓고 있다. 한국 건축문화대상 심사 당시 심사위원들이 극찬했을 정도다. 공동주택이라는 본래의 취지를 살려 이웃들이 한 곳에서 어울려 살 수 있도록 했기 때문이다.

아파트 설계는 그동안 많은 발전을 해왔다. 건물 외관이나 내부 평면도 점점 진화하고 있다. 이제 '지상에 차 없는 아파트'는 어디서든 쉽게 볼 수 있다. 조경도 한 단계 발전했고 미술관 같은 아파트도 지어지고 있다. 간과한 것이 있다면 이웃들이 서로 대지를 공유하며 살아가는 환경이다. 이제는 아파트가 공동체 회복에도 일조할 수 있어야 한다는 의견들이 많다. 공동체의 회복은 도시의 변화를 가져오기도 한다. 서울 강남지구 A4블록 공동주택은 '공유'에 대해 우리에게 제대로 질문을 던진 작품이다.

축구 천국을 넘어 커뮤니티 공간으로
전북현대모터스 클럽하우스

서울에서 KTX를 타고 익산역까지 1시간 20분, 다시 승용차로 20여 분 더 들어가면 전북 완주군 '전북현대모터스 클럽하우스'에 도착한 다. 2015 한국건축문화대상에서 민간 부문 대상을 받은 이 건물은 국내에서는 찾아볼 수 없는 선수 훈련시설, 지역민 공간 등을 갖춘 축구 클럽하우스다. F1 스포츠카를 연상하게 하는 늘씬한 건물 외관도 눈에 띄지만 무엇보다 선수들이 훈련과 관련해 필요한 모든 것들을 하나의 동선 안에서 해결할 수 있도록 갖춰져 있다. 스포츠 시설로서의 기능만 자랑하는 것은 아니다. 2년간 이곳을 찾은 인원만 해도 4700여 명. 지역 내 커뮤니티 공간으로서도 손색 없는 등 축구센터 그 이상의 의미를 갖고 있는 건물이다.

전북 완주군에 위치한 전북현대모터스 클럽하우스는 현대자동차 건물답게 F1 스포츠카를 단순화한 듯한 건물이 오른쪽에서 왼쪽으로 납작하게 깎이는 선을 담아낸 것이 특징이다.

훈련·정비·치료·휴식 등 '원스톱 시스템'

이 건물의 최대 장점은 '원스톱 시스템'이다. 두 개의 천연 잔디 축구장이 바로 닿아 있는 건물에 들어서면 명목상 지하 1층. 홍보관을 지나 바로 만나는 라커룸은 U자 말굽형 공간이다. 열린 입구의 단상에 감독이 서면 모든 선수가 집중할 수 있는 구조다.

바로 왼쪽에는 샤워실과 수중치료실, 선수 각각의 개별 세탁물을 처리해주는 세탁실도 있다. 다시 라커룸에서 경기장 쪽으로 가다 보면 각종 개인 훈련장비가 갖춰진 피트니스 공간이 이어지고 그 끝의 물리치료실 사이에 축구장으로 가는 출구가 있다. 선수들이 1~2층에 있는 숙소에서 내려와 준비된 유니폼과 축구화를 신고 간단히 몸을 푼 후 곧바로 축구장으로 나갈 수 있는 동선이다. 연습을 마친 후에는 샤워를 하고 피로를 푼 후 세탁물을 맡기고 원래 입었던 옷을 입고 나가면 된다. 필요하다면 뭉친 근육을 풀어줄 물리치료사의 도움을 받을 수 있고 사우나에서 몸을 풀 수도 있다.

건축주인 이철근 전북현대모터스축구단장은 선수들의 훈련 전후 동선을 섬세하게 배려한 이 건물의 시설 배치를 자랑한다. 선수들이 자기 집에서처럼 편하게 생활할 수 있고 운동할 때도 시간 낭비 없이 하나의 동선으로 움직일 수 있도록 시설이 안성맞춤으로 배치됐다는 것이다.

현대모터스 클럽하우스의 최고 자랑거리는 수중치료실의 '수중 트레이드밀 시스템'이다. 입구 양쪽에는 냉탕·열탕이 있고 더 안쪽으로 들어가면 두세 평 남짓한 미니 수영장 같은 공간이 있다. 얼핏 보면 대단해

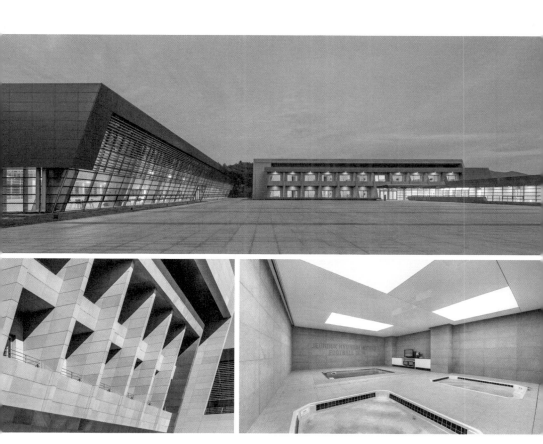

위·· 클럽하우스 측면 선수 기숙사 공간.
왼쪽·· 산 쪽에서 바라본 클럽하우스 야경. 정면에서는 보이지 않던 넓은 다목적 공간이 여유롭게
보인다.
오른쪽·· 전북현대모터스 클럽하우스가 자랑하는 공간인 수중치료실. 재활 중인 선수가 체중에 대한
부담 없이 서서히 컨디션을 회복하는 데 최적화돼 있다.

선수가 복장을 갖추는 라커룸은 말발굽처럼 U자형으로 설계돼 있다. 일반적인 사각, 'ㄷ'자 공간보다 가깝고 아늑한 느낌을 주며 감독이나 코치가 간단하게 브리핑할 때도 집중도가 높다.

보이지는 않지만 국내 축구단으로서는 유일하고 삼성서울병원과 현대캐피탈 배구단까지 단 세 곳만 갖추고 있다. 현대모터스 클럽하우스는 이 설비를 위해 무려 10억 원을 투자했다. 이철근 단장과 조병욱·서을호 서아키텍스건축사사무소 공동대표 등은 클럽하우스를 짓기 위해 프랑스·스페인·영국 그리고 일본의 축구단 클럽하우스를 돌며 꼼꼼히 장단점을 따지고 비교했다는 후문도 들려온다.

지역 커뮤니티 등 부가가치를 창출하는 공간

전북현대모터스 클럽하우스는 지금도 선수 훈련과 기업 이미지 제고, 지역 주민과의 커뮤니티 형성에 기여하고 있지만 앞으로 더 큰 그림을 그려

나갈 예정이다. 좀 더 적극적으로 팬들을 개척 관리해서 자체적인 수익을 내겠다는 목표를 가지고 있는 것이다. 이철근 단장에 따르면, 2년간 클럽하우스를 다녀간 인원은 4700명이나 되고 앞으로 더 늘어날 것으로 보고 있다. 현재 클럽하우스에 부족한 것은 경기장인데, 다소 시간이 걸리겠지만 현재 두 개의 축구경기장을 여섯 개로 늘리고 2군 선수와 유소년팀 숙소까지 갖춰 유럽처럼 100년 가는 축구센터를 만들 계획이다. 아울러 축구 경기와 선수만을 위한 공간이 아닌 그 이상의 부가가치를 창출하겠다는 야심찬 꿈도 가지고 있다. 이철근 단장은 맨체스터 유나이티드는 경기장이 12개인데 잔디 상태에 따라 경기장을 바꾸고 기본적으로 2군과 유소년팀, 대외 행사용 공간을 구별해서 쓰고 있다고 예를 들면서 현대모터스 클럽하우스도 후원기업이나 팬들을 위한 초청행사는 물론 인근 지역 주민과 함께하며 지역경제를 활성화시키는 데도 기여하고 있다고 설명했다.

서을호·조병욱 서아키텍스건축사사무소 공동대표
"축구 선진국 돌며 벤치마킹했다"

"영국 맨체스터유나이티드는 평소에도 선수들의 몸 상태를 체크하고 부상 땐 재활까지 담당할 수 있도록 지역병원과 협의해 정형외과와 내과·안과 등 거의 모든 부문을 갖추고 있습니다. 또 미래의 선수, 팬들이 될 유소년팀을 위한 시설을 따로 갖추고 행사를 이어갑니다."

전북현대모터스 클럽하우스를 설계한 조병욱·서을호 공동대표는 설계에 앞서 축구 선진국인 유럽 국가들을 벤치마킹하는 데 많은 시간을 보냈다. 특히 프랑스·스페인·영국 그리고 일본의 축구단 클럽하우스를 돌며 꼼꼼히 장단점을 따지고 비교했다. 서을호 대표는 이들 국가에서 지역과 어우러지는 클럽하우스 운영에 매력을 느꼈다. 맨체스터 유나이티드에서 많은 아이디어를 얻은 그는 숙소에서 라커룸·샤워장·피트니스를 지나 운동장으로 이어지는 동선에 가장 많은 신경을 썼고 의료·재활시설을 그 공간에 함께 배치했다.

임홍규 현대엔지니어링 건축부문 본부장
"농지였던 곳을 축구장으로 개조했다"

클럽하우스가 들어선 곳은 원래 풋살 경기장과 농지로 쓰이던 곳이었다. 시공 과정에서 주변 환경과의 조화 등 적지 않은 어려움이 따랐다. 시공자인 임홍규 현대엔지니어링 건축부문 본부장은 지난 2010년 8월부터 3년여 동안 진행된 공사가 풋살 경기장과 농지로 쓰이던 곳에서 진행돼 주변 환경과의 조화에 대한 부담이 컸으며 동서쪽에 약 71.15도 기울어진 사선 옹벽과 실내연습장 기둥도 품질 및 안전관리 측면에서 많은 어려움이 있었다고 말했다. 또 이렇게 멋진 건물이 완성된 것은 시공사·설계사·협력사가 함께 고민하고 치밀하게 시공함으로써 가능했던 것이라며 건물 디자인의 핵심 요소인 내·외장 마감선의 일치를 위해 골조 공사부터 외장 공사까지 사소한 부분 하나하나까지 치밀한 계획 아래 진행됐다고 말했다.

만인을 위한 만 가지 공간
서울 마이바움 역삼

지하철 2호선 역삼역 3번 출구로 나오면 테헤란로의 빌딩 숲과 마주치게 된다. 높게 솟은 건물을 지나 안쪽 도로로 약 5분간 걸어 들어가면 전혀 다른 골목 풍경이 눈에 들어온다. 빌딩 숲에서 벗어난 지 얼마 지나지도 않았는데 다가구 주택들이 늘어서 있어 한적함마저 느껴지는 골목이다. '마이바움 역삼'이 이 골목으로 들어선 것은 2015년 7월. 주변과 조화를 이루는 외관으로 등장하자마자 자연스럽게 골목 풍경에 스며들었다. 이제는 서울과 경기 곳곳에 자리 잡은 수목건축의 도시형 생활주택 브랜드인 '마이바움'은 지역과 동네를 변화시키는 주택이라는 목표를 달성해나가고 있다.

마이바움 역삼이 테헤란로 안쪽의 한적한 골목에 등장한 것은 2015년 7월이었다. 만인을 위한 만 가지의 공간 구성이라는 모토로 건축을 계속해나가고 있는 수목건축의 임대주택 브랜드 '마이바움' 은 이제 서울과 경기 전역 곳곳에 스며들고 있다.

마이바움 역삼의 탄생… 탱고하우스

마이바움 역삼의 건축주는 임대를 통한 수익을 얻으면서도 감성적 건물이 되기를 원했다. 설계와 시공을 맡은 '수목건축'은 음악교수인 건축주를 위해 건물 지하에 전용 스튜디오를 만들었다. 개인연습실로 사용하면서 주변 음악인들과 공유할 수 있도록 한 것이다. 지상에는 1~2인 가구를 위한 다양한 평면의 소형 주거 상품을 기획했다.

마이바움 역삼과 기존 소형 주택의 가장 큰 차이는 '탱고하우스'라는 개념에서 온다. 탱고하우스는 수요자들과 건축주들의 요구를 동시에 반영해 마치 1 대 1로 탱고 춤을 추듯 공간 설계를 한 주택을 의미한다. 개개인의 특성과 취향이 모두 다르듯 이 주택에도 만인을 위한 만 가지의 공간 구성을 계획한 것이다. 그래서 마이바움 역삼의 평면 구성은 층마다 다르다. 혼자 살지만 공간을 넓게 쓰고 싶은 사람, 원룸이지만 두 사람이 쓰기에도 충분한 크기를 원하는 사람까지 모두 포용할 수 있도록 디자인했다. 건물이 완공되자마자 임대가 100퍼센트 완료된 것은 건축주와 사용자 모두를 위한 맞춤형 공간을 구성한 결과였다.

건물을 설계한 서용식 수목건축 대표는 외관 디자인도 중요하지만 무엇보다 사용자를 위한 내부의 알찬 구성이 필수적이라고 생각한다. 그는 지금까지 해왔던 것처럼 앞으로도 입주자들의 거주 만족도를 높이는 건물 설계를 계속해나갈 것이라고 말했다.

위·· 마이바움 역삼의 옥상 테라스 풍경이다. 여름에는 이웃들과 함께 옥상파티를 벌이거나 음식을 나눠 먹을 수 있는 공간으로 탈바꿈된다.
아래·· 탱고하우스 개념을 설계에 사용한 마이바움 역삼의 평면 구성은 층마다 다양하다. 경제적인 소형 평면은 물론, 혼자 살지만 공간을 넓게 쓰고 싶은 사람, 원룸이지만 두 사람이 쓰기에도 충분한 크기를 원하는 사람까지 모두 포용할 수 있도록 디자인했다.

공동체 공간 통해 행복 추구하는 주택

마이바움 역삼의 또 다른 매력은 1층 출입구로 들어가자마자 눈에 들어오는 로비공간이다. 전용면적 10제곱미터가 안 되는 아담한 공간이지만 방문객들에게는 건물과 외부를 이어주는 장소가 되고 입주자들에게는 소통을 가능하게 해주는 커뮤니티 시설 역할을 한다. 수목건축은 마이바움 주택 대부분에 이와 같은 공용 공간을 설치해왔다. 단순히 주거만을 위한 건물이 아니라 주변인들과 함께하는 삶을 통해 행복을 추구하는 주택을 만들고자 했기 때문이다.

대표적인 곳이 서대문구에 위치한 '마이바움 연희'다. 대한민국 1호 셰어하우스인 이 건물 1층의 공용 공간에는 수목건축에서 개발한 '카페 바움'이 들어서 있다. 입주자들은 할인된 가격으로 음식을 먹으며 테라스에서 언제든 서로 대화를 즐길 수 있고 한쪽에 마련된 조리 공간을 통해 음식을 함께 해먹을 수도 있다. 입주자뿐만 아니라 방문객들과 주변 거주자들도 언제든 편하게 찾아올 수 있는 공간으로 지역사회의 문화와 소통의 장소로 활용되고 있다.

임대주택인 마이바움에 공용 공간을 만드는 일은 쉽지 않았다. 건축주 입장에서는 임대가구 수가 줄어들 수 있기 때문이었다. 서용식 대표는 건축주와의 끊임없는 대화로 이 문제를 해결해왔다. 그는 공용 공간을 통해 입주자의 만족도와 건물 가치가 높아지면 건축주 입장에서도 장기적으로는 이익을 볼 수 있다고 생각한다. 그래서 새로운 마이바움을 설계할 때마다 행복을 추구하는 주택이라는 가치를 건축주에게 지속적으로 이해시키고 설득해왔다.

지역과 동네를 변화시키는 마이바움

2009년 5월 처음 선을 보인 마이바움은 수목건축이 만든 1~2인 전용주택 브랜드다. 5월을 뜻하는 독일어 '마이MAI'와 나무를 뜻하는 '바움BAUM'의 합성어로 '5월의 나무'라는 뜻을 가지고 있다. 지역의 특색과 시장 요구를 반영하여 내부를 설계하고 외부 디자인은 건축주의 성향과 요구에 맞게 결정한다. 또한 지속적으로 건물의 유지 관리를 해줌으로써 거주자들의 주거 만족도를 높이고 있기 때문에 공실은 거의 찾아볼 수 없다.

마이바움이 이처럼 소형 주택의 주거문화를 선도하고 있는 덕분에 이곳에 거주했던 세입자들은 다른 지역으로 이사 갈 때도 다시 마이바움을 찾는 경우가 많다. 현재 마이바움은 특정 지역에만 공급되는 것이 아니라 서울과 경기 곳곳에 공급되고 있다. 수목건축은 골목에 들어선 마이바움 건물 한 채가 가로경관의 변화와 동네 분위기, 더 나아가 마을 공동체 회복의 시작점이 되기를 기대하고 있다. 이 시대에 필요한 것은 '협력'과 '공존'이라는 생각을 가지고 있는 서용식 대표는 마이바움이 주거만을 목적으로 하는 것이 아니라 커뮤니티를 형성하고 지역과 동네를 변화시키는 역할을 계속 해나갈 수 있도록 노력을 아끼지 않을 것이라고 강조했다.

서용식 수목건축 대표
"행복을 공유하는 주거문화를 꿈꾸다"

수목건축의 '마이바움'이 추구하는 것은 주거 패러다임을 변화시키는 일이다. 소유의 개념이 일반적인 현 주거시장의 문화를 공간 사용을 통한 삶의 질 향상을 추구하는 형태로 바꾸려는 것이다. 서용식 대표는 "마이바움의 목표를 이루기 위한 첫걸음으로 황무지에 나무를 심으며 숲을 일구는 것처럼 마이바움이라는 브랜드가 지역 곳곳에 좋은 공간을 만들 수 있도록 노력했다"며 "아름다운 외관과 잘 설계된 공간이 골목 안 동네로 전해져 마을을 이루고 그 접점들이 도시 전체의 주거 패러다임을 변화시켜나갈 수 있다고 생각했기 때문"이라고 말했다. 마이바움이 우리나라 건축물의 80퍼센트가량을 차지하는 중간건축(4층 이하)으로 지어지고 있는 것은 더 나은 주거환경을 만들기 위해서다. 서용식 대표는 "마이바움 브랜드를 통해 주택 네트워크를 형성하는 것이 궁극적인 목표"라며 "네트워크 안에서 거주민들이 함께 행복을 공유할 수 있는 문화를 꿈꾸고 있다"고 밝혔다.

수목건축은 이러한 목표를 이루기 위한 방법으로 다양한 가치를 건물 설계에 담아내고 있다. 가장 강조하는 것은

'디자인'과 '스토리'다. 이제 차별화된 건물 외관과 내부 디자인이 없는 주택은 살아남을 수 없다. 특색 있는 디자인과 각각의 주택들이 서로 다른 스토리를 가지고 있어야 소비자들의 선택을 받을 수 있기 때문이다. 수목건축은 여기서 더 나아가 디자인과 스토리가 거주자들의 '공감'까지 얻을 수 있도록 노력 중이다. '놀이'와 '의미'도 중요하게 생각하는 요소 중 하나다. 그래서 내부 공간의 커뮤니티 시설을 통해 입주민들이 함께 즐기고 소통하면서 '언제, 어디서든, 누구나, 쉽게 이용 가능한' 주택 네트워크로 연결되는 것을 추구하고 있다. 서용식 대표는 "주택은 인간의 삶을 담는 그릇인 동시에 행복을 위한 최소한의 조건"이라며 "지금까지 이뤄낸 것들에 만족하지 않고 주거문화의 발전을 위한 고민을 계속해서 하고 있다"고 말했다.

상습 정체구간의 꾸불꾸불 발코니
한남동 현창빌딩

남산 제1호터널과 한남대교 사이는 상습 정체구간 중 하나다. 서울 도심에서 강남으로 이동하는 주요 통로이기 때문이다. 정체된 차 안에서는 자연히 휴대폰을 들여다보거나 차창 밖을 보게 된다. 이때 시선을 돌리다 보면 흰색 건물이 눈에 들어온다. 그런데 몇 초간 바라보고 있으면 마치 꾸불꾸불한 벽면이 요동치는 것처럼 느껴진다. 또 뺑뺑 뚫린 커다란 구멍에 들어 있는 유리와 발코니 등이 시선을 잡아끈다. 바로 '한남동 현창빌딩'이다. 현창빌딩이 눈에 띄는 것은 요동치는 흰 벽면과 발코니의 조합 때문이다. 설계자 김찬중 더시스템 랩 소장은 이 건물이 대로변에 접한 30미터 전면부에서 모든 문제를 풀기 위한 복안으로 발코니를 도입했다고 말했다.

남산 제1호터널과 한남대교 사이에 위치한 한남동 현창빌딩. 전면부가 30미터인 소규모 건물이지만 유동하는 하얀색 벽면과 발코니가 사람들의 시선을 끈다.

발코니를 통한 도시민과의 소통

한남동 현창빌딩의 매력은 전면부에 도입된 발코니에 집중된다. 이 발코니는 세 가지 역할을 한다. 건물을 크게 보이게 하고, 도시민과의 소통을 도와주고, 건물에서 활동하는 사람들의 쉼터로 활용된다. 이 건물의 가장 큰 특징은 발코니가 실내 면적 산정에서 제외된 점이다. 꾸불꾸불하게 만든 발코니의 너비를 다르게 해 건물의 용적률을 산정하는 데 포함시키지 않은 것이다. 덕분에 발코니 면적만큼 건물의 부피가 늘었다. 이 발코니는 건물 입주민들에게 쉼터로 활용되는 동시에 인근을 지나는 도시민들과 소통할 수 있게 해준다.

건물 이용자들이 업무 중 잠시 밖으로 나와 시원한 바람을 쐬는 동안 도로 위를 걷거나 차량 속 사람들은 이 특별한 발코니와 입주민을 접하게 된다. 김찬중 소장은 도시생활에서는 이동하는 도중에는 아무 생각 없게 마련인데, 그때 눈에 띄는 것이 있으면 단편적인 생각이라도 떠오르게 된다고 말한다. 그래서 자신이 설계한 건물이 무표정하게 서 있기보다는 사람들의 눈길을 끌어 삶의 아주 작은 촉매제 역할을 하기를 바랐다고 말했다.

건물 외벽을 흰색으로 칠한 것도 철저하게 의도한 것이다. 파란색·초록색 등의 색깔을 입히면 사람들은 그 색깔로만 건물을 기억하기 쉽다. 그러나 흰색일 경우에는 건물의 형상에 자신의 경험과 생각을 투영해 이름을 붙인다. 실제로 이 건물은 '멍게', '스머프' 등 다양한 이름으로 불리고 있다.

수익성 높이고 가치도 잡아

현창빌딩의 비정형 발코니를 보고 있으면 건축비가 제법 들었을 것이라는 생각을 하게 된다. 또 건물을 보는 각도에 따라 달라 보이는 발코니의 물결무늬는 시공 과정에서의 어려움을 가늠하게 한다. 흥미로운 것은 이 발코니에 규칙적인 반복이 숨어 있다는 점이다. 발코니 상층부와 하층부는 서로 대각선 방향으로 같은 모양이다. 거푸집 모듈 두 개를 마련해 교차시켜 만들었기 때문이다. 즉 모듈을 교차·반복해 만들어낸 자유곡선 같은 비정형이다. 김찬중 소장은 이를 통해 비용과 시간이라는 두 마리 토끼를 다 잡을 수 있었다.

또 발코니를 통해 실내 사용자를 위한 가치도 높일 수 있었다. 발코니 덕분에 근무자들은 건물 1층까지 내려오지 않아도 외부 공기를 마음 껏 쐴 수 있다. 실제로 건축가들은 업무 시설에서 외부 공기와의 접촉을 매우 중요시하는 경향이 있다. 오피스 건물을 설계할 때 발코니와 옥상정원 등 외부 공간 확보에 특별히 주력하는 이유다. 김 소장은 오피스 공간을 배치할 때는 기본적으로 내부에 있는 사용자 중심으로 접근한다고 말한다. 그러나 이와 달리 리테일 공간의 경우는 외부인의 인지를 더욱 중시하며 건물의 용도와 프로그램에 따라 가치의 조화와 균형을 찾고 있다고 설명했다.

위·· 건물을 보는 각도에 따라 발코니의 물결무늬는 달라진다. 이는 두 개의 거푸집으로 만들어낸 규칙적인 비정형 때문이다.

아래·· 발코니는 건물 입주민들에게 쉼터로 활용되는 동시에 인근을 지나는 도시민들과 소통하는 공간이다.

건축주도 설계자도 만족한 건축

이처럼 모듈을 통해 비정형 발코니를 시공함으로써 시간과 비용은 줄이고 건물의 부피는 더욱 키웠다. 건축주가 최종 후보 설계안 10여 개 중 설계자의 작품을 낙점한 이유이기도 하다. 설계자는 수익성을 높이기 위해 비용과 기간을 줄일 수 있는 방법을 설계 단계에서 치열하게 고민했다고 한다. 동시에 이 건물이 도시에서 어떤 의미를 가져야 하는지, 이 건물을 사용하는 사람들에게는 어떤 의미를 부여해야 하는지도 고려해 설계안을 마련했다. 이처럼 치열한 고민 끝에 나온 절묘한 해법은 건축주와 설계자 모두를 만족시켰다. 김찬중 소장은 "모든 프로젝트가 어떤 상황에서 가장 최선이라고 여겨지는 것들로만 결정해서 건물이 지어지는 것은 아니다. 그러나 한남동 현창빌딩은 처음의 안이 변경 없이 끝까지 간 '해피'한 프로젝트였다"고 말했다.

김찬중 더시스템랩 소장
"새로운 스타일에 대한 사회적 담론을 제시하다"

"건축은 인간이 투자하는 재화의 크기가 가장 큰 작업입니다. 이 때문에 건물을 지을 때는 누구나 민감할 수밖에 없습니다. 건축은 건축주의 생각과 필요를 잘 읽고 표현해주는 서비스업이라고 생각합니다."

김찬중 소장은 건축에서는 우선 수익구조를 만들어내는 것이 가장 중요하다고 말한다. 프로젝트를 의뢰한 건축주들이 건물을 짓는 목적이 일차적으로 수익 창출에 있기 때문이다. 그래서 더시스템랩은 수익구조를 만들어내기 위해 다양한 솔루션을 탐색한다. 더시스템랩이 지금까지의 프로젝트에 '비정형(비평면)'이나 '섬유강화플라스틱FRP' 등 다소 실험적인 방식과 소재를 쓴 것도 최적화된 솔루션을 탐색하는 과정에서 나온 결과다. 김찬중 소장은 회사 이름인 '더시스템랩'에는 프로젝트마다 각기 다른 예산·기간·위치 등의 조건이 구성하는 고유의 체계(시스템)에 가장 최적화된 솔루션을 찾겠다는 의미가 담겨 있다고 말했다.

더시스템랩의 장기적인 목표는 사람들의 라이프스타일을 변화시키는 촉매 역할을 하는 것이다. 주거와 상업·업무시설 등 전 분야에서 지금과는 다른 전형을 창출해 사람들이 자신의 개성·정체성에 따라 다양한 선택을 할 수 있도록 돕겠다는 의미다. 김찬중 소장은 "새로운 라이프스타일, 가치에 대한 다양한 이슈를 던지고 사회적 담론을 형성해 결과적으로 공간에 대한 취향의 다양성을 늘리고 싶다"고 포부를 밝혔다.

화성 소다미술관	글 정순구 / 사진 소다미술관
종로 세운상가	글 고병기 / 사진 송은석
용인 헤르마주차빌딩	글 이재용 / 사진 이정훈
중구 장충체육관	글 고병기 / 사진 송은석, 서울시설공단, 유선건축
이태원 현대카드 뮤직라이브러리	글 박성호 / 사진 (주)현대카드
화성 폴라리온스퀘어	글 이재유 / 사진 권욱

4장 자연과 하나가 되는 삶

강남 르네상스호텔	글 고병기 / 사진 벨레상스서울호텔 노동조합, 송은석
서대문 이화여대 ECC	글 조권형 / 사진 송은석
평창동 오보에힐스	글 이재유 / 사진 (주)쌍용건설, 송은석
상도동 숭실대 학생회관	글 정순구 / 사진 송은석
서귀포 파우제 인 제주	글 권경원 / 사진 코엠홀딩스, 권경원
부산 S주택	글 조권형 / 사진 황준도시건축사사무소
한강 세빛섬	글 이재유 / 사진 송은석

5장 도시의 풍경을 바꾸다

수원시립아이파크미술관	글 박성호 / 사진 박성호
남양주 동화고 삼각학교	글 권경원 / 사진 송은석
평창동 미메시스아트하우스	글 조권형 / 사진 송은석
강남 A4블록 공동주택	글 이재용 / 사진 김종오
전북 현대모터스 클럽하우스	글 이재유 / 사진 전북현대모너스FC
서울 마이바움 역삼	글 정순구 / 사진 수목건축
한남동 현창빌딩	글 조권형 / 사진 송은석

글

유현준 홍익대 건축학부 교수이자 유현준건축사사무소 대표 건축사. 연세대 건축공학과를 졸업하고 매사추세츠공과대학에서 건축설계 석사학위, 하버드대학에서 건축설계 박사학위를 받았다. 하버드대학을 우등으로 졸업한 후 세계적인 건축가 리처드 마이어 사무소에서 실무를 했다. MIT건축연구소 연구원과 MIT 교환교수를 지냈다. 2013 올해의 건축 베스트 7, 2013 김수근건축상 프리뷰상, 2011 CNN 선정 15 Seoul's Architectural Wonders, 2010 대한민국 공간문화대상 대통령상, 2009 젊은 건축가상 등을 수상했다. 저서로《도시는 무엇으로 사는가》《현대건축의 흐름》《52 9 12》《모더니즘》 등이 있다.

이재용 한양대 신문방송학과를 졸업했다. 서울경제신문 증권부, 국제부, 생활경제부, 산업부, 건설부동산부를 거쳤다. 현재 사회부에서 서울시청을 출입하고 있다.

이재유 성균관대 유학과를 졸업하고 카이스트 미래전략대학원에 재학 중이다. 서울경제신문 편집부, 디지털미어부, 문화부를 거쳐 건설부동산부에 몸담고 있다. 현재 서울시를 중심으로 도시재생과 주택정책을 취재하고 있다.

고병기 성균관대 문헌정보학과를 졸업했다. 서울경제신문 국제부, 증권부를 거쳐 건설부동산부에서 활동 중이다. 현재 부동산시장과 부동산 금융, 국내외 기관투자가를 취재하고 있다.

권경원 고려대 정치외교학과를 졸업했다. 서울경제신문 정치부, 건설부동산부를 거쳐 정치부에서 활동하며 정치 활동이 탄생하고 부딪히고 사라지는 현장을 취재하고 있다.

박성호 연세대 인문학부를 졸업했다. 이데일리, 조선비즈를 거쳐 서울경제신문 건설부동산부에 몸담고 있다. 국회, 기획재정부, 국토교통부, 금융투자협회 등을 출입하며 취재 경험을 쌓아왔다.

신희철 성균관대 정치외교학과를 졸업했다. 서울경제신문 건설부동산부를 거쳐 생활경제부에 몸담고 있다. 현재 패션 트렌드와 명품 브랜드 이야기, K뷰티의 성장 등을 취재하고 있다.

정순구 성균관대 신문방송학과를 졸업하고 서울경제신문 건설부동산부에 몸담고 있다. 현재 국토교통부를 출입하며 주택정책이 탄생되는 과정과 그 정책이 현장에 반영되는 모습을 살피고 있다.

조권형 한양대 도시공학과를 졸업했다. 서울경제신문 건설부동산부를 거쳐 금융부에서 활동 중이다. 재건축, 재개발 현장과 서울시의 도시, 주택 정책을 다뤄왔으며, 현재 은행권과 카드업계를 취재하고 있다.

사 진

이호재 경일대 사진학과와 상명대 예술디자인대학원 사진학과를 졸업했다. 서울경제신문 사진부에서 몸담고 있다.

권 욱 가톨릭대 국사학과를 졸업했다. 이데일리를 거쳐 서울경제신문 사진부에서 활동 중이다.

송은석 연세대 신학과를 졸업했다. 노컷뉴스, 뉴스1을 거쳐 서울경제신문 사진부에 몸담고 있다.

도시를 짓는 사람들

1판 1쇄 인쇄 2016년 9월 19일
1판 1쇄 발행 2016년 9월 26일

지은이 이재용, 이재유, 고병기, 권경원,
　　　　박성호, 신희철, 정순구, 조권형
발행인 양원석
편집장 송상미
디자인 RHK 디자인연구소 마가림, 김미선
해외저작권 황지현
제작 문태일
영업마케팅 이영인, 양근모, 박민범, 이주형, 김민수, 장현기

펴낸 곳 ㈜알에이치코리아
주소 서울시 금천구 가산디지털2로 53, 20층(가산동, 한라시그마밸리)
편집문의 02-6443-8878　**구입문의** 02-6443-8838
홈페이지 http://rhk.co.kr
등록 2004년 1월 15일 제2-3726호

ISBN 978-89-255-6010-6 (03540)